Hertz-lich Heilen

Ein Fachbuch für Jedermann!

Dieter Kramer

Frank Rose

Katja Wörmer

Hertz-lich heilen

Ein Fachbuch für Jedermann!

Dieter Kramer
Frank Rose
Katja Wörmer

2. Auflage

Autoren:
Dieter Kramer
Frank Rose
Katja Wörmer

Herstellung und Verlag:
BoD – Books on Demand, Norderstedt

ISBN 978-3-7386-5859-0

Bibliografische Information der Deutschen Nationalbibliothek: Die Deutsche Nationalbibliothek verzeichnet diese Publikation in der Deutschen Nationalbibliografie; detaillierte bibliografische Daten sind im Internet über www.dnb.de abrufbar.

<u>**Wichtiger Hinweis:**</u>

Die hier getroffenen Aussagen zur Bioresonanztherapie und dem Therapiekonzept der **EnTeThe** basieren auf der naturheilkundlichen Erfahrungsmedizin, deren Methoden von der Schulmedizin leider bisher weder untersucht noch anerkannt werden.

Die geschilderten Fälle sind ausschließlich Darstellungen aus der eigenen Praxiserfahrung eines der Autoren (Dieter Kramer) sowie aus dessen eigenen Veröffentlichungen. Die Autoren dieses Buches können anhand dieser Darstellungen weder die Verantwortung für die Therapie konkreter Krankheitsbilder übernehmen oder Aussagen zu bestimmten Krankheitsfällen treffen. Die alleinige diesbezügliche Verantwortung liegt bei dem jeweils behandelnden Arzt oder Therapeuten.

Inhaltsangabe

Danke an meinen Freund Dr. Peter Paul Jablonski †

Ohne dich wär ich jetzt nicht hier, PP!

Warum ein weiteres Buch zur Bioresonanz?

Diese Frage beantwortet sich schnell. Schaut man sich die Unsicherheit bei der Begriffsdefinition sowie das Durcheinander der Berichte über diese sensationelle Therapieform an, musste einfach noch ein Buch her!

Darüber hinaus soll hier aber auch das von Dieter Kramer speziell entwickelte Konzept vorgestellt werden. Er nennt es „**EnTeThe**", die Abkürzung für „Energetische Testung und Therapie". Dieter ist einer der Pioniere auf dem Gebiet der energetischen Testung und Therapie in den letzten 20 Jahren.

EnTeThe zeichnet sich durch seine Einfachheit in der Anwendung und der Effektivität in der Behandlung menschlicher, tierischer, aber auch pflanzlicher Organismen aus. Jeder lebende Organismus ist mit **EnTe-The** zu erreichen.
EnTeThe ersetzt nicht die Schulmedizin, ist aber eine wirksame und schonende Alternative. Schulmedizinische Maßnahmen können Dieters Erfahrung nach mit **EnTeThe** u.U. verträglicher und weniger belastend für den Patienten sein.

Aber lesen Sie selbst .....

I. Einleitung

Wenn man die Einleitung zu einem Buch schreibt, stellt sich immer wieder die bekannte Frage, „Weshalb gerade dieses Buch?", macht es Sinn, noch ein weiteres Buch zu einem – zumindest in Fachkreisen – bereits gut bekannten Thema zu veröffentlichen? Schließlich gibt es doch schon ausreichend Lektüre auf diesem Gebiet …

Wir fanden: **Ja!**

Und für diese Entscheidung gibt es unserer Meinung nach jede Menge überzeugende Gründe!

Es wurde bisher allerhand geschrieben zu dem Thema Bioresonanz, im Allgemeinen wie auch im Besonderen. Wie wir im Zuge unserer Recherchen feststellten, gibt es sogar unterschiedliche Vorstellungen von dem Begriff der Bioresonanz. Allerlei naturheilkundliche Verfahren, die uns bisher nicht einmal bekannt waren, geschweige denn, auch nur im Entferntesten tatsächlich etwas mit der Bioresonanz in ihrer ursprünglichen Bedeutung gemeinsam haben, werden häufig unter diesem Begriff zusammengefasst.

Es versprach also, spannend zu werden, wie wir schnell bemerkten und als unser Ziel kristallisierte sich alsbald folgendes heraus:

In diesem großen und unüberschaubaren Dschungel von mehr oder weniger wilden Theorien und phantasievollen Konzepten und Ansätzen ist es uns ein Anliegen, quasi „Licht in die offenbar vorhandene Dunkelheit zu bringen".

Im Ergebnis möchten wir einen Ansatz präsentieren, der so einfach wie auch genial ist und in erster Linie die Betrachtung der Wirksamkeit, und zwar in Form einer heilenden Wirkung beim Patienten selbst - egal ob bei Mensch, Pferd, Hummel oder Bananenstaude – zum Ziel hat.

Möglichst schlau und kompliziert klingende Theorien oder bis unter die Zähne aufgemotzte High-Tech-Verfahren haben uns dabei wenig interessiert. Die wichtigste und damit entscheidende einzige Frage zu dieser Therapie, die letztlich zu beantworten ist, lautet schließlich:

„Funktioniert sie?"

Und wer könnte uns diese Frage besser beantworten, als der Pionier auf dem Gebiet der energetischen Testung und Therapie, kurz **„EnTeThe"**: Dieter Kramer!

II. Historie

In den Anfängen, als wir uns mit Dieter unterhielten, kam gerade Katja als bis dato völlig fachfremder Person (sie ist Juristin!) das gesamte Thema mehr oder weniger wie „Hexerei" vor.

Dieter setzt sich vor die Patienten, in der rechten Hand hält er den sogenannten Tensor, (ein ganz hübsch anzusehendes stabähnliches Gebilde, gefertigt aus edlen Materialien wie z.B. dem Griff aus Messing mit beweglichem Ende samt Beschwerung, dem sogenannten Sensorelement, siehe Abbildung). Mit der linken Hand gleitet er dabei in Windeseile über unterschiedliche Sets mit zahllosen beschrifteten Ampullen. Teilweise berührt er mit fachmännischem Griff mehrere von ihnen gleichzeitig, und innerhalb von wenigen Minuten erklärt er dem meist vor Staunen mit geöffnetem Mund vor ihm sitzenden Patienten, dass dieser beispielsweise seit seiner frühesten Kindheit an einer Milchallergie leidet. Der Patient selbst hatte davon in dem vorausgegangenen Anamnese - Gespräch jedoch bisher keinen Ton erwähnt.

Im Gegenteil ... oft erzählen die Patienten ellenlange Krankheitsgeschichten von vorausgegangenen Besuchen bei unzähligen Fachärzten und präsentieren äußerst differenzierte schulmedizinische Diagnosen. Oder sie bringen gleich ganze Krankenakten mit zahlreichen Befunden mit. Nur zu einem haben diese anhand umfangreicher Aktenlage bestens dokumentierten Behandlungen leider oft gerade nicht geführt:

Zu einer Heilung!

In den meisten Fällen haben nicht einmal die Beschwerden der Patienten nachgelassen. Sie bekommen Schmerzmittel oder Cortison oder Antibiotika. Vielleicht wurde zuvor sogar ein Allergietest vom Arzt gemacht. Das Resultat war leider wie so oft die Aussage:

„Sie müssen mit Ihren Beschwerden leben!"

Sprich, wer beispielsweise auf Haselnüsse und Erdbeeren allergisch getestet worden ist, muss in der Regel bis zu seinem Lebensende auf den Verzehr von Haselnüssen und Erdbeeren verzichten, sofern er weitere Beschwerden zukünftig vermeiden möchte. Eine Heilung oder zumindest Beseitigung der Beschwerden ist bei Allergien oder vielen anderen Krankheitsbildern auch bis heute schulmedizinisch nicht möglich. Eine Linderung der Symptome schon, aber an der Beseitigung der Ursache für das bestehende Übel hakt es.

Dies wollen wir an dieser Stelle jedoch gar nicht weiter vertiefen, es liegt uns auch nicht daran, die schulmedizinische Vorgehensweise mit dem vorliegenden Buch zu kritisieren oder in Frage zu stellen. Jeder medizinische Ansatz hat sicherlich seine Berechtigung auf seinem Gebiet.

Aber man muss zunächst verstehen, dass der Ansatz unserer Methode - klassischerweise als „Bioresonanz" bezeichnet - ein völlig anderer ist, als ihn die schulmedizinische Vorgehensweise von Natur aus wählt.

Während die Schulmedizin in der Regel sämtlich auftretende Phänomene aus Sicht der Biochemie zu erklären versucht, liegt unser Ansatz hingegen in der Biophysik, um genau zu sein, im Bereich der Quantenphysik.

Auch wenn diese noch ein relativ junges Gebiet der Physik darstellt, ist es doch allgemein unstreitig, dass die physikalischen Vorgänge im Körper die biochemischen stets steuern, d.h. sie sind diesen gleichsam vorgeschaltet. Sofern man diesen Gedanken weiter „spinnt", kommt man unweigerlich zu dem Ergebnis, dass Beschwerden grundsätzlich auch durch Blockaden im biophysikalischen System eines Lebewesens begründet werden können. Und wenn dem so ist, kann eine Behandlung im biochemischen Umfeld schon zwangslogisch biophysikalische Blockaden gar nicht vollständig beseitigen.

Insofern ist die schulmedizinische Vorgehensweise natürlich nicht grundsätzlich falsch, eine derartige Aussage würden wir uns ohnehin niemals erlauben. Die schulmedizinische Vorgehensweise hat aber einen völlig anderen Ansatz!

Den Ursprung nahm die Bioresonanz, als Dr. Franz Morell, ein Zahnarzt, zusammen mit seinem Schwiegersohn Erich Rasche, einem Ingenieur, das erste Bioresonanzgerät entwickelte und gleichzeitig auch den Prototypen auf diesem Gebiet baute. Aufgrund des Namens Morell hieß dieses Gerät zunächst Mora-Gerät und die Therapie, Mora-Therapie. Das war im Jahr 1977.

Der Name Bioresonanz bildete sich erst einige Zeit später heraus. Er setzt sich zusammen aus den Worten **Bio** und **Resonanz**, und wurde vor dem Hintergrund gewählt, dass im Rahmen der Therapie jeweils ein lebender Körper mit einer Information in Resonanz geht im Sinne einer Informationsübertragung. Die Geräte werden heutzutage von unterschiedlichen Firmen hergestellt. Auch wir - hier natürlich wieder maßgeblich Dieter - sind aktuell damit befasst, einen Prototypen für ein eigenes, speziell auf das Konzept der **EnTeThe** abgestimmtes Gerät zu entwickeln.

Das theoretische Modell, welches sich hinter der Bioresonanz verbirgt, geht von folgender Annahme aus:

Jeweils zwei Zellen kommunizieren miteinander. Diese Kommunikation findet dabei grundsätzlich in einem Frequenzbereich von einem Hertz bis zu 150 Kilohertz statt.

16

Herausgefunden und bewiesen hat dies in umfangreichen, insgesamt über einen Zeitraum von zwölf Jahren andauernden Forschungen und Studien u.a. Prof. Dr. Cyril Smith an der Salford-University, England.

Demnach besitzt jeder Mensch ein individuelles Schwingungsspektrum, welches sich auch separat therapieren lässt, da sämtliche chemischen Vorgänge im menschlichen Körper zunächst durch energetische Informationen gesteuert bzw. initiiert werden und zwar in dem oben genannten Spektrum zwischen einem Hertz und 150 Kilo-Hertz. Dies umschreibt quasi den Bereich, in welchem ein lebendiges Wesen grundsätzlich „schwingt", Man nennt dies daher auch „Schwingungsspektrum".

Die Geschichte von Dieter ist gleichsam die Geschichte von **EnTeThe**. Über einen Zeitraum von nunmehr 25 Jahren behandelte Dieter ca. 6.500 Patienten mit der Bioresonanz bzw. anhand seines eigenen Konzepts. Die ersten Testsätze entwickelte er noch gemeinsam mit anderen Behandlern. Aber auch mit weiteren Kollegen gab es immer wieder einen regen Austausch und man inspirierte und befruchtete sich gegenseitig auf diesem Gebiet.

So kristallisierte sich im Laufe der Zeit das Herzstück von **EnTeThe heraus**, die insgesamt aktuell 14 Testkästen, welche jedem Behandler ein gleichermaßen umfangreiches sowie sicheres und exaktes Testen und

Therapieren eines weiten Spektrums diverser Beschwerden und Erkrankungen ermöglichen soll.

Anfangs gab es beispielsweise lediglich sogenannte Belastungsampullen (arbeiten im Sinne einer „Verstärkung" positiver, gesunder Schwingungen) und Inversampullen (enthalten die gegenteiligen Informationen zu einem spezifischen Leiden/Beschwerden, z.B. einem Allergen), aber noch keine Ausleitungsampullen. Schließlich kam es bei der energetischen Therapie eines Pferdes dazu, dass dieses zunächst erfolgreich mit Belastungsampullen von Dieter behandelt wurde, jedoch daraufhin leider nachts eine Kolik entwickelte und an dieser verstarb.

Dieter erklärte sich dieses Dilemma im Nachhinein folgendermaßen:

Die Stoffwechselgifte hatten sich durch die Behandlung zwar aus den Zellen bzw. dem Gewebe herausgelöst, konnten den Organismus insgesamt aber nicht verlassen. Dieter kam angesichts dieses bedauernswerten Falles zu dem Ergebnis, dass es über die bis dahin bereits vorhandenen zwei Arten von Ampullen hinaus auch sogenannte Ausleitungsampullen geben müsse, um letztlich eine Stoffwechselentgiftung zu ermöglichen.

In seiner Erfahrung als Bioresonanztherapeut empfand Dieter den geschilderten Fall zwar zunächst als eine sehr harte Erfahrung, gleichsam einem beruflichen

Rückschlag. Andererseits gab dieser aber auch die „zündende" Idee für die Weiterentwicklung des **En-TeThe** - Konzeptes, welches bis dato noch in den „Kinderschuhen steckte". Das Vorhandensein von Ausleitungsampullen ist darüber hinaus nun auch der wesentliche Unterschied zu den anderen Systemen bei dem Einsatz der Bioresonanz.

Die „Ausleitungsampullen" werden deshalb so bezeichnet, weil sie die Stoffwechselgifte, welche bei der vorausgehenden Zerstörung von Blockaden etc. durch die Belastungsampullen im System quasi als „Abfall" anfallen, zum Abtransport vorbereiten und die Ausleitung unterstützen. Ansonsten droht, wie in dem obigen Beispielsfall, die Vergiftung des Organismus.

III. Fachfremde Medien berichten ...

Wie wir gesehen haben, wurde viel geschrieben über das Thema „Bioresonanz" in den letzten Jahren. So gab es beispielsweise einen Testbericht der Stiftung Warentest, welcher einem kompletten „Verriss" der Behandlungsmethode gleichkam.

Interessanterweise wurde dieser verfasst von einer Autorin, die ein Studium der Theater, Film- und Fernsehwissenschaften absolviert hat, also einer völlig fachfremden Person. Man fragt sich vor diesem Hintergrund daher, inwiefern bei der Abfassung des Testberichtes das offenbar nicht ansatzweise vorhandene fachliche Know-how der Verfasserin die entscheidende Rolle spielte. Zudem bezog sich der Test ohnehin auf sogenannte „klassische" Bioresonanzverfahren, nicht aber auf das **EnTeThe**-System von Dieter Kramer, welchem wir uns in diesem Buch widmen.

Die überwiegende Zahl der Schulmediziner steht der Therapieform der Bioresonanz selbstverständlich ebenfalls meist kritisch gegenüber. Dies liegt bereits in der Natur der schwerpunktmäßig biochemischen Ausbildung im Studium der Humanmedizin.

Wie auch immer, wir befinden uns bei der Bioresonanz schließlich auf dem Gebiet der Physik und nicht auf dem der Biochemie.

Jeder, der ein wirklich ernsthaftes Fachgespräch über die Wirksamkeit von Bioresonanz führen möchte, sollte diese daher zunächst selbst in seiner Funktion als Behandler mindestens getestet, möglichst aber über einen Zeitraum von mindestens sechs Monaten auch praktisch angewandt haben. Leider hat es jedoch den Eindruck, dass die meisten Schulmediziner mehr oder weniger so „vermessen" sind, dass sie meinen, jegliches Therapieverfahren allein aus ihrem Blickwinkel richtig beurteilen zu können, ohne dieses jemals angewandt zu haben oder sich mit dessen theoretischen Grundlagen näher beschäftigt zu haben.

Nach anderen Quellen, welche man gerade im Internet über „Google" häufig findet, liegt bis heute kein Wirksamkeitsnachweis bezüglich der Bioresonanztherapie vor, welcher auch nur über einen reinen Placebo-Effekt hinausgehen würde.

Dies kann jedoch den Kenner der Branche auch nicht weiter verwundern, da es schlicht so ist, dass es zumindest im westlichen Raum bisher keinerlei großangelegte Studien zur Bioresonanztherapie gibt, welche den hiesigen wissenschaftlichen Anforderungen genügen würden. Seitens der Schulmedizin wurden diese jedenfalls nicht durchgeführt und auch nicht durch die Pharmaindustrie gesponsert. Das kann man nun sehen wie man möchte.

Fakt ist, dass die Bioresonanz dieses Schicksal mit zahllosen weiteren Naturheilverfahren oder auf sogenannter Erfahrungsmedizin beruhenden Behandlungsmethoden teilt. Und „last but not least" bleibt festzuhalten: sofern es angeblich keinerlei Wirkungsweise festzustellen gibt, so kann die Bioresonanz offensichtlich auch keinerlei Schaden beim Patienten anrichten, da sie auch nicht „negativ" wirken kann, und wäre folglich zumindest in dieser Hinsicht als „sicher" für die Patienten zu betrachten. Dieser zwangslogische Schluss sei erlaubt.

Allerdings stößt man auch in diesem Zusammenhang bei weiterer Recherche schnell auf einen Artikel der Süddeutschen Zeitung, welcher deutlich macht, in welchem Dilemma sich die Fachrichtung Bioresonanz allgemein aktuell befindet. Zu viele unseriöse Anbieter sind zwischenzeitlich „auf das Pferd" mit aufgesprungen und bieten unter der Bezeichnung allerlei Unsinniges an.

Als etwas anderes können beispielsweise Halsketten mit Amuletten, welche schlicht normale handelsübliche Batterien enthalten und so schon eine Heilwirkung auf deren Träger ausüben sollen, kaum mehr bezeichnet werden.

Insofern sollte unser Bestreben, sich von derlei „Unarten" abzugrenzen, nachvollziehbar sein.

Dieter Kramer wählte daher schon vor einiger Zeit das Label „**EnTeThe**" für sein Wirken, welches die Abkürzung der Bezeichnung „Energetische Testung und Therapie" ist und verabschiedete sich auf diese Weise von dem allzu häufig missbräuchlich verwendeten Sammelbegriff der Bioresonanz.

IV. Wirkungsweise

a) „Energetische Testung und Therapie"

Gehen wir an dieser Stelle noch einmal einen Schritt zurück und schauen uns die Wirkungsweise der Bioresonanz im Allgemeinen an.

Die Wirkung der Bioresonanztherapie erklärt sich durch die modernen Erkenntnisse der Quantenphysik. Die Quantenphysik befasst sich mit den Teilchen- und Welleneigenschaften von Atomen und deren Wechselwirkungen. Vergeben wurde der Nobelpreis für Physik 1984 an Carlo Rubbia für die Entdeckung von Energieteilchen, die über 99% der gesamten Materie ausmachen. Diese Energieteilchen vermitteln im Körper elektromagnetische Impulse, welche einen großen Teil der körperlichen Abläufe steuern. Dies wird auch „Zellkommunikation" genannt.

Jedes Organ besitzt demnach seine eigene „gesunde" elektromagnetische Schwingung. Auf der anderen Seite hat ein krankes Organ eine hiervon abweichende „pathologische" Schwingung. Darüber hinaus besitzt jede der Gesundheit zuträgliche oder aber auch die

Gesundheit schädigende Substanz ihre eigene Schwingung.

Ähnlich einer Sinuskurve erfolgt demnach die gesunde (physiologische) Schwingungsausprägung in ihrem Frequenzmuster, während die krankmachenden (pathogenen) Schwingungen von dieser abweichende Unregelmäßigkeiten aufweisen, so wie eine eher gezackte Kurve.

Ist diese Art der Zellkommunikation nun also gestört, kommt es zur Entstehung diverser Blockaden im Organismus. Vielfache gesundheitseinschränkende Beschwerden entstehen und äußern sich schließlich als Symptome im Krankheitsbild der bekannten schulmedizinischen Diagnosen.

Sinuskurve:

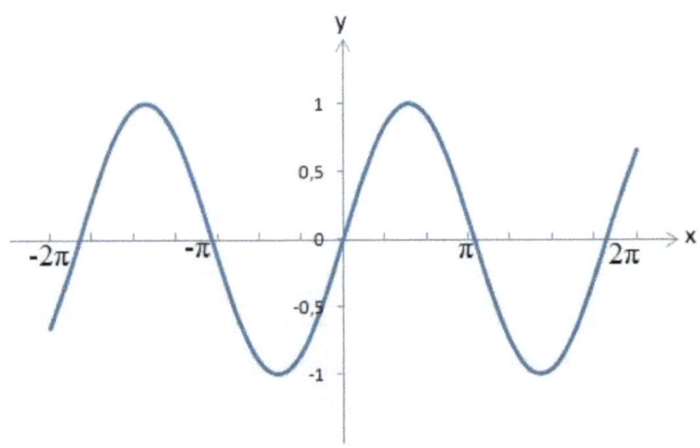

Abweichendes pathologisches Schwingungsbild:

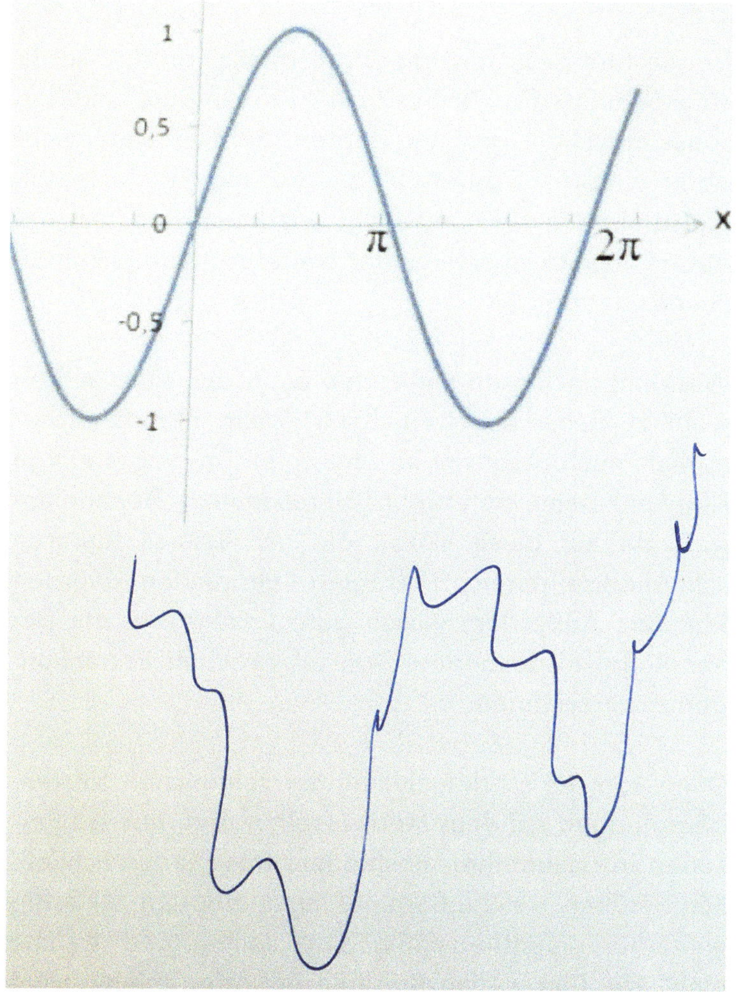

Derartige Erkenntnisse beruhen auf den nunmehr offiziell seit fast 40 Jahren gesammelten Erfahrungswerten beim Einsatz der Bioresonanztherapie.

Ungeachtet dessen ist die Bioresonanz von der westlichen Schulmedizin bisher zu keinem Zeitpunkt mit den sonst üblichen großangelegten Studien untersucht oder überprüft worden. Sie wird schlicht in der schulmedizinischen Meinung nicht anerkannt und teilt damit das Schicksal zahlreicher weiterer naturheilkundlicher Verfahren.

Wie man nachlesen kann, gab es in den 90er Jahren wohl zunächst eine „Hochzeit" beim Einsatz dieser damals noch recht neuen Therapieform. Sogar einige Krankenkassen erstatteten Bioresonanz - Behandlungen, da auf diese Weise die oft weitaus teureren schulmedizinischen Therapien vermieden werden konnten. Außerdem waren gute Erfolge bei der Behandlung, insbesondere von allergischen Erkrankungen zu verzeichnen.

Dann kam es zu den bekannten zahlreichen Kostendämpfungen auf dem Medizinsektor und gewisse Personen in bestimmten Positionen entschieden schließlich darüber, welche Behandlungsmethoden zukünftig weiterhin erstattungsfähig sein sollten und welche nicht. Die Bioresonanztherapie gehörte definitiv nicht dazu. Welche Vertreter welcher Fachrichtungen und Unternehmen oder diverser Interessenverbände diese

Entscheidungen trafen, dürfen Sie sich als Leser nun selbst denken.

Das Oberlandesgericht München entschied jedoch im Jahr 2009 überraschenderweise in einem Urteil, dass zumindest „Allergien mit dem (BICOM) Bioresonanzgerät wirksam, schmerzfrei und nebenwirkungsfrei diagnostiziert und therapiert werden können" (Aktenzeichen GU 2187/06).

Provoziert hatte dies wie so oft, einer der diversen Abmahnvereine. Diese haben es sich schwerpunktmäßig zu ihrer Aufgabe gemacht, routinemäßig insbesondere Aussagen zur Wirksamkeit sowie zu sogenannten „Heilungsversprechen" im Bereich der Naturheilkunde und Alternativmedizin zu überprüfen. Diese werden in Form von Abmahnungen angegriffen und so in einer Vielzahl von Fällen deren gerichtliche Überprüfung erreicht.

In den seltensten Fällen obsiegen bei diesen Verfahren jedoch die Vertreter der alternativmedizinischen Therapieformen. Sie sind daher meist gezwungen, ihre Aussagen auf ihren Webseiten oder in Seminaren etc. einzustellen.

Vor diesem Hintergrund ist das oben erwähnte, von der Regel abweichende Urteil von einiger Bedeutung. Konkret war hier eine anderslautende Entscheidung des zuständigen Landgerichtes teilweise aufgehoben worden, da die Beklagte, eine marktführende Firma beim Vertrieb von Bioresonanzgeräten, Berufung einlegte.

Für den Bereich der Behandlung allergischer Erkrankungen wurden die von der Firma während des Verfahrens vorgelegten medizinischen Wirksamkeitsstudien als solche juristisch anerkannt, auch wenn diese überwiegend in China und nicht in Europa durchgeführt worden waren.

Die Aussagen zur wirksamen Durchführung von Allergiebehandlungen mittels der Bioresonanztherapie durften somit bestehen bleiben und dürfen auch zukünftig weiterhin verwendet werden.

Das Urteil steht damit auch den immer wieder vorkommenden Ablehnungen der Krankenkassen zur Kostenübernahme mit der folgenden Begründung eklatant entgegen: „Wir übernehmen die Kosten für eine Bioresonanztherapie nicht, da es am Wirksamkeitsnachweis durch entsprechende Studien fehlt..." etc.

Hier mag letztlich jeder für sich selbst entscheiden, wie offen er für alternative Ansätze neben dem klassisch schulmedizinischen Vorgehen ist, unabhängig davon, ob er sich in der Rolle des Behandlers oder des Patienten befindet. Vielleicht ist es am Sinnvollsten, sich dem bekannten Ausspruch des Begründers der Homöopathie, Samuel Hahnemann an dieser Stelle anzuschließen, denn...

„Wer heilt, hat Recht"!

b) Wirkungsweise eines Bioresonanzgerätes

Was muss also speziell ein richtiges Bioresonanzgerät können?

Dieters Antwort auf diese Frage lautet kurz und knapp: „Es muss in erster Linie ganz schlicht und einfach Informationen so transportieren können, wie der Behandler es möchte."

Was bedeutet dies konkret?

Das Bioresonanzgerät muss zum einen in der Lage sein, sogenannte gesunde Schwingungen und krankmachende Schwingungen zu unterscheiden und voneinander zu trennen, d.h. zu separieren. Es muss weiterhin in der Lage sein, Informationen zu invertieren, d.h. eine genau gleiche Gegenschwingung (Spiegelung) physikalisch zu erzeugen, anhand welcher man dann krankmachende Schwingungen aus dem System herausnimmt und einfach in Wärme verwandeln kann.

Außerdem sollte der Behandler die Therapiezeit und die Verstärkung eines Therapieimpulses bei einem guten Bioresonanzgerät entsprechend den Problemen des Patienten exakt einstellen können.

31

c) Testsätze – Funktionsweise allgemein

Als Material für die Testampullen wurde Glas gewählt, da durch Glas Informationen ungehindert hindurchgehen können. Plastik ist hingegen ein „totes" Material und daher nicht brauchbar.

Die Ampullen sind mit einer Flüssigkeit gefüllt, welche mit einer Vielzahl von Mineralien und Salzen angereichert ist. Auf diese Weise wurde eine extreme, physikalische Oberflächenvergrößerung erreicht, auf der bis zu 8000 Frequenzen pro Ampulle gespeichert werden können.

Hinter dem gesamten Prinzip steht folgende Annahme:

Jedes Lebewesen, egal ob ein Mensch, ein Tier, ein Insekt oder auch eine Pflanze, besitzt ein individuelles Frequenzmuster, welches man durch ein bestimmtes physikalisches Verfahren im ersten Schritt abnehmen kann. Im zweiten Schritt wird dieses Frequenzmuster als Information auf eine der oben beschriebenen Testampullen gespeichert.

Mit Hilfe eines Bioresonanzgerätes können nun die auf den Testampullen gespeicherten Informationen und Schwingungen wieder auf ein beliebiges Lebewesen abgegeben, d.h. übertragen werden.

Als Dieter entdeckte, dass diese Möglichkeiten bestehen und das beschriebene Verfahren tatsächlich funktionierte, führte ihn dies zur Entwicklung mehrerer Testkästen sowie einem dazugehörigen, bisher einzigartigen Konzept, welches wir im Folgenden näher beschreiben werden.

d) Testung

Der Therapie bestimmter Beschwerden eines Patienten geht stets die sogenannte „Testung" voraus. Testung als solches bedeutet die Aufnahme des individuellen Schwingungsmusters eines Patienten bzw. eines Lebewesens sowie die Prüfung, ob dieses Schwingungsmuster mit einer in den Testampullen enthaltenen Information oder einem bestimmten anderen Schwingungsmuster in Resonanz geht, d.h. ob es hier Übereinstimmungen gibt.

Ganz einfach ausgedrückt, „Landen wir bei dem Abgleich mit bestimmten Informationen bei dem getesteten Patienten einen Treffer?".

Dieser Abgleich der Schwingungsmuster, offiziell als „Testung" bezeichnet, kann anhand unterschiedlicher Vorgehensweisen durch den Behandler vorgenommen werden. Wir möchten im Weiteren zur Beibehaltung der Übersichtlichkeit nur die drei wichtigsten Methoden vorstellen.

Zumindest eine dieser Testungs-Methoden sollte der Behandler zwingend sicher beherrschen, da die Testung den ersten wesentlichen Schritt in der Bioresonanztherapie allgemein und beim „EnTeThe"-Konzept im besonderen darstellt.

Die drei wichtigsten Arten der Testung wären:

1.　　die Tensor-Testung

Der Tensor ist ein stabähnliches Gerät, dessen oberer beweglicher Teil nach dem Griff auf Schwingungen reagiert und an der Spitze beschwert ist. Gefertigt ist er meist aus hochwertigen Metallen wie z.B. Messing, eventuell ist er auch mit einer Goldlegierung versehen. Es gibt hier unterschiedliche Preisabstufungen für die verschiedenen Materialien und Modelle.

Hier ein Beispielbild:

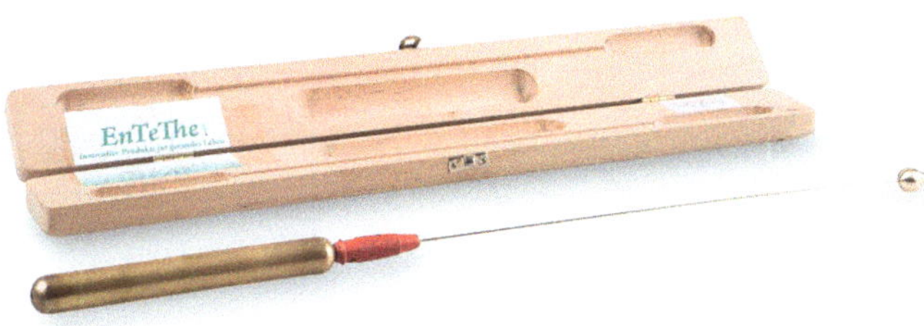

Der Tensor kann eingesetzt werden, um energetische Beziehungen zwischen zwei „Informationssystemen" zu prüfen. Dies können zum einen der Patient sowie eine bestimmte Substanz sein, z.B. ein Allergen. Es kann sich aber auch um ein Nahrungsmittel handeln oder Informationen von Viren und Pilzen.

Viele Varianten sind hier denkbar. Getestet wird grundsätzlich, ob die Informationen, z.B. der Testampullen mit dem System in Resonanz gehen.

Dies funktioniert bei der Testung auf bestimmte Beschwerden in der Regel folgendermaßen:

Sofern das Schwingungsmuster einer bestimmten Substanz in Resonanz geht mit dem System, schwingt der Tensor auf und ab, geht die getestete Substanz hingegen nicht in Resonanz mit dem System, schwingt der Tensor waagerecht von links nach rechts. Einige Behandler haben als Zustimmung eine nach rechts drehende Bewegung des Tensors für sich gefunden, eine ablehnende Bewegung wäre dann eine Drehbewegung nach links. Hier sind beide Muster denkbar.

Die Testung mit dem Tensor ist sehr individuell, kann aber von jedem erlernt werden, der gerne energetisch arbeiten möchte.

Bei der Testung mit den Testsätzen funktioniert der Therapeut quasi als „Verstärker" der Schwingungen zwischen Tensor und Ampulle. Er hält dabei den Tensor in der rechten Hand (bei Linkshändern andersherum) in Richtung auf den Patienten, mit der anderen (linken) Hand berührt er die jeweils auszutestende Ampulle.

Da wir Menschen zu einem sehr hohen Anteil aus dem chemischen Element H^2O bestehen, sind wir quasi ein galvanisches Element, das die Information der Ampulle verstärkt und mit dem Muskeleigenreflex dann die Bewegung des Tensors auslöst.

2.   die kinesiologische Testung

Dies ist die Testung an sogenannten „Indikatormuskeln", auch „Armtest" genannt.

Bei der kinesiologischen Testung wird die stärkende oder schwächende Wirkung einer Substanz auf einen Muskel getestet.

Der Behandler testet z.B. die Muskelstärke des rechten Armes und versucht, diesen gegen den Willen des Patienten herunterzudrücken. Damit bekommt er einen Eindruck vom Widerstand des Muskels. Dann bekommt der Patient eine Testampulle in seine freie Hand und der Test wird wiederholt.

Sofern der Patient nun dem Druck des Therapeuten standhalten kann, ist davon auszugehen, dass die zu testende Substanz für diesen akzeptabel ist bzw. kein Beschwerdepotenzial vorliegt. Kann er hingegen dem Druck nicht standhalten, wird die getestete Substanz als schädlich bzw. als Blockade angesehen.

3.   die Elektroakupunktur Diagnose

Die Elektroakupunktur nach Voll basiert grundsätzlich auf der traditionellen chinesischen Akupunktur. Es wird der elektrische Widerstand ausgewählter Akupunkturpunkte und Meridiane gemessen. Dazu nutzt der Behandler jeweils die Anfangs- und Endpunkte der Akupunkturmeridiane, welche in den Finger- und Zehenspitzen liegen. Dies geschieht mit einem EAV-Messgerät.

In der energetischen Testung und Therapie hat der Wert „50" einzig einen Aussagewert. Wenn mit Hilfe eines Therapieprogramms ein Wert von 50 erreicht wird, bedeutet das, dass der Patient dieses Therapieprogramm benötigt. Es wird ihm dann nach den Regeln der energetischen Testung und Therapie zugeführt.

Grundsätzlich gibt es noch andere energetische Testverfahren, mit denen die Ampullen getestet werden können. Wir beschränken uns auf die drei oben genannten.

Beherrscht man nun eine der oben vorgestellten Arten der Testung, kann man beispielsweise eine allergische Reaktion auf Milch testen und mit Hilfe des Therapiegerätes und eines Inversprogramms aus dem menschlichen/tierischen etc. System eines Lebewesens gleichsam „herausnehmen" und eliminieren.

So kann man z.B. auch Tumorzellen mit Hilfe des Testkastens „Entartete Zellen" auffinden und energetisch markieren, so dass das umgebende gesunde Gewebe in der Lage ist, diese anzugreifen und auszumerzen. Doch hierzu im Einzelnen später bei der Vorstellung der einzelnen Testkästen.

Und so kann ein Behandler schließlich auch mit den Testampullen aus dem Allergietestkasten herausfinden, auf was der Mensch allergisch reagiert. Diese Allergieinformation kann er sodann mit Hilfe eines bestimmten Therapieprogrammes aus dem energetischen System herausnehmen, so dass der Patient nach Abschluss der Behandlung die Substanz wieder ohne Reaktion verträgt.

Beispielsfall:

Folgendes beispielhafte Geschehen sollte anschaulich darstellen, wie exakt bei richtiger Anwendung mit dem Konzept von **EnTeThe** gearbeitet werden kann:

Dieter wurde während der Winterzeit vor einigen Jahren zu einem Pensionsstall für Pferde gerufen, wo sich folgende Geschichte ereignet hatte:

Die Besitzerin wollte ihr Pferd wie jeden Abend von der Weide holen. Dieses Mal jedoch führte sie es direkt am Halfter, nicht wie üblich an einem Führstrick. Die Folge war, dass das Pferd sich losreißen konnte, die vereiste Auffahrt entlang lief und dort stürzte. Die Besitzerin brachte es lahmend zurück in seine Box. Sie rief natürlich den Tierarzt, welcher es untersuchte und ihm schließlich Schmerzmittel sowie Antibiotika gab.

Als sich der Zustand des Pferdes verschlechterte, rief die Besitzerin Dieter herbei mit der Bitte, das Pferd chiropraktisch zu behandeln, da sie mit dieser Behandlungsweise in der Vergangenheit gute Erfahrungen gemacht hatte.

Als Dieter sich das Pferd ansah, hatte er ein „komisches Gefühl bei der ganzen Sache". Statt wie ursprünglich vorgesehen, die Chiropraktik bei dem Pferd anzuwenden, holte er seinen **EnTeThe** - „Orthopädiekasten" mit den entsprechenden Testampullen heraus, und testete das Pferd im Hinblick auf Knochenfrakturen und den Bereich der Lendenwirbel.

Tatsächlich stellte sich bei dieser Testung heraus, dass es sich wohl eher um eine „Knochenfraktur" im Bereich des Lendenwirbelbereichs handelte. Das Pferd konnte das hintere linke Bein zudem weder bewegen noch belasten.

Auf Grund des jämmerlichen Zustandes des Pferdes empfahl Dieter, den Tierarzt zu rufen und das Pferd zu „erlösen". Nach einem Tag konnte sich die Besitzerin des Pferdes schließlich zu diesem Schritt durchringen. Sie erzählte dem Tierarzt von Dieters Testung und der Tierarzt stellte bei der Obduktion des Pferdes folgendes fest:

Der Querfortsatz des 3. Lendenwirbels war abgebrochen und hatte den dort entspringenden Nerv durchtrennt. Eine Heilungschance für das Pferd hätte somit nicht mehr bestanden.

V. Entwicklung von EnTeThe

Aber weshalb genau nahm Dieter nun die Entwicklung eigener Testkästen und eines eigenen Systems in Angriff?

In seinen Anfängen als Heilpraktiker arbeitete Dieter in einer Praxis zusammen mit einigen älteren Kollegen als quasi junger Assistent, der von den „alten Hasen" etwas lernen wollte.

Zu der Zeit in den 80er und 90er Jahren, waren halbinvasive Verfahren wie beispielsweise die Ozontherapie gerade sehr in Mode und kaum ein abweichendes Verfahren hatte eine wirkliche Chance als Alternative. Dieter war natürlich am Anfang seiner naturheilkundlichen Laufbahn äußerst wissensdurstig und besuchte vielerlei Fortbildungen und Seminare, um seinen Horizont zu erweitern.

Unter diesen Fortbildungsveranstaltungen befand sich auch ein Seminar zur Anwendung der Bioresonanztherapie. Dieter war sofort von dieser Therapieform begeistert. Ohne auf die Kosten zu achten, bestellte er sich ein entsprechendes Gerät und eröffnete schon wenige Wochen später seine eigene Praxis.

Zunächst lief die Praxis jedoch sehr schleppend an. Dieter konzentrierte sich zunächst im Wesentlichen bei den Behandlungen auf die klassischen Methoden, die er erlernt hatte: Chirotherapie, Neuraltherapie und Phytotherapie.

Eines Tages kam jedoch eine ältere Patientin mit dem Krankheitsbild einer fortgeschrittenen Arthritis deformans, also schon stark veränderten Gelenken an Händen und Füßen, in die Praxis. Sie bat um eine chiropraktische Behandlung der Halswirbelsäule, da sie seit einiger Zeit nicht mehr richtig schlafen konnte vor lauter Schmerzen. Das Schlafen war ihr nur noch im Sitzen für maximal ein bis zwei Stunden möglich.

Dieter lehnte eine chiropraktische Behandlung ab. Er versuchte aber, neuraltherapeutisch die Halswirbelsäule zu entlasten. Selbst das war nicht mehr möglich, da die Patientin schon bei der Berührung mit der Nadel auf der Haut vor Schmerzen aufschrie.

Da erinnerte sich Dieter an das „Wundergerät", welches bisher relativ unbeachtet in einem Nebenzimmer der Praxis stand. Und er behandelte die Patientin mittels der Bioresonanz und benutzte dabei die voreingestellten Programme. Schließlich schickte er die Patientin nach Hause und bat sie, nach drei Tagen wiederzukommen.

Drei Tage später waren die Schmerzen immerhin nicht schlimmer geworden. Dieter behandelte die Patientin ein weiteres Mal mittels der Bioresonanz anhand der voreingestellten Programme.

Diese Behandlung wiederholte er insgesamt noch in drei Terminen. Schließlich berichtete die Patientin, dass die Schmerzen zurückgegangen waren, sie wieder die ganze Nacht in ihrem Bett liegen konnte und auch ganz gut schlief.

Dieser Erfolg ließ Dieter aufhorchen. War es wirklich möglich, mit diesem rein biophysikalischen Therapiesystem, schwerste Schmerzzustände zu lindern oder zu beenden?

Dieter besuchte weitere zahlreiche Seminare, setzte sich mit dem Thema ausführlich auseinander und versuchte, sein Wissen auf dem Gebiet immer mehr zu erweitern.

Hierbei lernte er auch einen Kollegen kennen, der sich mit der Entwicklung von Testkästen auseinandersetzte und nahm daher an mehreren Seminaren bei diesem teil. Dieter fand die Vorgehensweise des Kollegen interessant, insgesamt erschien sie ihm aber sehr kompliziert zu sein.

Aufgrund dessen entwickelte Dieter daraufhin zusammen mit anderen Kollegen selbst einen ersten Testkasten. Ursprünglich sollten seine Kästen nur für Tiere genutzt werden. In seiner Praxis testete er diese Kästen dann jedoch auch vorsichtig in der Therapie mit

Menschen aus und war von den bald eintretenden Erfolgen positiv überrascht und sehr erfreut.

Der Zeitaufwand bei der Testung konnte auf diese Weise erheblich reduziert werden. Und das Wichtigste war, letztlich konnte so die Zeit bis zur Heilung der Patienten erheblich verkürzt werden.

Er entwickelte mit „**EnTeThe**", der **En**ergetischen **Te**stung und **The**rapie, sein eigenes Konzept und mit diesem das Herzstück seiner Arbeit als Heilpraktiker.

Die bis heute entwickelten, speziellen Testkästen, welche bei richtiger Anwendung dem jeweiligen Behandler ein einzigartiges Behandlungskonzept in Punkto Exaktheit und Wirksamkeit eröffnen, stellt Dieter inzwischen auch Kollegen in eigenen, von ihm gehaltenen Seminaren vor.

Dieters Ansatz war es, ein Konzept zu entwickeln, welches schnell und einfach auch für bisher Ungeübte einsetzbar sein würde. Das Konzept musste natürlich trotzdem stimmige und exakte Ergebnisse bringen. Es musste ungefährlich sein für Patienten und Behandler, andererseits aber ziemlich schnell Behandlungserfolge bringen.

Die Testsätze, welche Dieter im Rahmen der Vielzahl von besuchten Workshops und Seminaren kennenlernte, waren seiner Ansicht nach entweder zu überdimensioniert oder zu kompliziert in ihrer Anwendung.

Er verfolgte bei seiner Recherche und Entwicklung eigener Testsätze somit folgende Ziele:

Sie sollten schnell, einfach, sicher und zuverlässig sein, eine ursächliche Diagnostik erlauben sowie dem Behandler ermöglichen, in kürzester Zeit die Ursache für die Beschwerden des Patienten herauszufinden.

Im Rahmen der Entwicklung der Testsätze hatte sich zudem eine Therapiekonzeption mit fast immer gleichem Ablauf entwickelt. Diese gliedert sich in die folgenden Schritte:

- o Grundtherapie
- o Therapie der Belastung (zwingend invers)
- o Ausleitung und
- o Stabilisierung mit den Ampullen des 5-Elemente Testsatzes

„Um bei einem Infekt erkennen zu können, ob er bakteriell oder viral ist, benötigen wir zehn Sekunden, da wir mit Hilfe der entsprechenden Testsätze bei richtiger Anwendung direkt die Information des oder der Erreger aufgreifen können", so Dieter.

„Wir suchen nach der Ursache der Beschwerden und nicht nach der (schulmedizinischen) Diagnose, d.h. wenn ein Patient kommt und sagt, er habe Borreliose, interessiert mich diese Aussage zunächst gar nicht. Im Gegenteil, es heißt nicht einmal, dass die Ampulle mit den Informationen zu Borreliose überhaupt ein positives Testergebnis liefert."

Ich teste den Patienten auf die vorhandenen Beschwerden, über die der Patient berichtet, z.B. dass er sich oft müde und schlapp fühlt oder dass er in letzter Zeit schlecht schläft etc.

Ich höre dem Patienten zu und interessiere mich für ihn und alles, was er zu erzählen hat. Ich interessiere mich vor allem für sämtliche Informationen, die der Patient von sich aus berichtet, hingegen nicht so sehr für die vorangegangene schulmedizinische Diagnose. Erfahrungsgemäß dient die schulmedizinische Diagnose dazu, den Patienten quasi „in eine Schublade zu stecken", und dann zu dieser Diagnose die in solchen Fällen übliche Therapie durchzuführen.

Häufig werden dabei aber die vom Patienten subjektiv empfundenen Beschwerden nicht ausführlich genug gewürdigt.

Im zweiten Schritt teste ich die entsprechenden Ampullen durch, welche seine Beschwerden aus der Welt schaffen könnten. Dies muss daher nicht zwingend wie im vorliegenden Beispiel, die Ampulle für Borreliose sein. Die schulmedizinische Diagnose sucht meist nur nach einer symptomatischen Behandlung, aber nicht nach der Ursache für die Beschwerden des Patienten.

Weil die schulmedizinische Diagnose zudem den rein biochemischen Zustand des Patienten beschreibt, wir aber auf der energetischen Ebene arbeiten, welche der biochemischen Ebene quasi vorgelagert ist, interessiert uns daher eher die Zustandsbeschreibung des Patienten selbst. Zu dieser suchen wir die passenden ursächlichen Frequenzen innerhalb der Ampullen unserer Testkästen heraus, um mittels dieser schließlich die energetischen Blockaden zu lösen oder bereits präventiv deren späteres Entstehen zu verhindern.

Um es noch einmal ganz einfach auszudrücken: Wir arbeiten im biophysikalischen Bereich, der erst den nachgelagerten biochemischen Mechanismus auslöst und dem Körper so die Chance gibt, seine Beschwerden selbst zu beseitigen. Wenn er das einmal gelernt hat, kann er das immer wiederholen!

Im Rahmen unserer Arbeit mit **EnTeThe** stehen uns dabei folgende Testkästen zur Verfügung:

VI. Beschreibung der Testkästen

- mit Abbildungen -

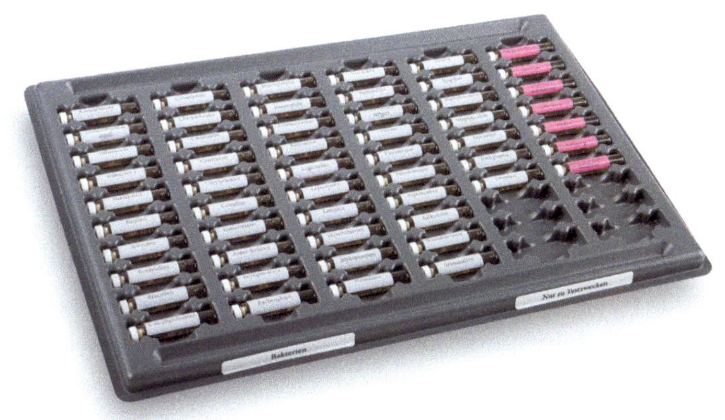

1.   Bakterien

Bakterien sind – wie wir wissen – winzig kleine, einzellige Lebewesen, welche mit bloßem Auge nicht erkennbar sind. Hierfür bedarf es schon eines Elektronenmikroskops. Zu unterscheiden sind diese kleinen Einzeller in nützliche, d.h. für den menschlichen Organismus förderliche, sowie auf der anderen Seite pathogene bzw. krankheitsauslösende Bakterien.

Bakterielle Belastungen werden schulmedizinisch in der Regel nicht genau differenziert. Man gibt dem Patienten schlicht ein Breitband-Antibiotikum und hofft dann, dass dieses den Erreger schon abtötet. Dass dabei jedes Mal auch eine Menge „guter" Bakterien mit abgetötet werden, die der Organismus braucht, wird von den Schulmedizinern heruntergespielt.

Die sich daraus ergebenden Störungen z. B. der Darmflora „dürfen" die Naturheilkundler dann testen und aus der Welt schaffen.

In dem Testkasten „Bakterien" befinden sich 47 Ampullen mit den Informationen von unterschiedlichen Bakterien-Familien. Ebenso finden wir sieben Ampullen zur Ausleitung von Stoffwechselgiften, die bei der Therapie entstehen.

2.   Viren, Pilze

Viren sind bekanntlich noch kleiner als Bakterien und darüber hinaus äußerst anpassungsfähig an ihre Umgebung. Ohne weiteren Schaden zu nehmen, können diese auch extreme Hitze, Kälte oder Austrocknungsprozesse etc. überstehen. Befallen werden können von ihnen alle Lebewesen, sowohl Menschen, Tiere wie auch Pflanzen.

Da Viren keinen eigenen Stoffwechsel besitzen, sind diese lediglich innerhalb einer anderen lebenden Zelle in der Lage, sich zu entwickeln und zu vermehren. Ansonsten bleiben sie quasi inaktiv. Unter Virologen gelten sie daher auch nicht als eigenständige „Lebewesen".

Erst wenn eine Virusinfektion stattgefunden hat und der Organismus das Virus nicht als „Feind" erkennt, wird es für diesen kritisch.

Unbemerkt ist das Virus in der Lage, das genetische Material der Wirtszelle/n zu verändern und das Absterben der ursprünglichen Zelle/n zu verursachen. Diese gibt im Zuge dessen Zellgifte ab.

Durch die dabei eingetretene Veränderung des genetischen Codes der Zelle werden letztlich keine eigenen gesunden Zellen mehr produziert. Während des Sterbens der Zelle werden die neu produzierten Viren zudem stetig an den Organismus abgegeben, wodurch die Zwischenzellflüssigkeit insgesamt sehr toxisch wird. Dieser Vorgang wiederholt sich immerfort, sofern er nicht gestoppt wird, da ständig weitere Zellen von dem Virus befallen werden.

Wie kann hier mit dem Konzept von **EnTeThe** dem Patienten geholfen werden?

Im Prinzip wieder ganz einfach: Dieter stellte 27 Ampullen mit verschiedensten Viren-Familien zusammen, damit der Behandler der befallenen Zelle, die für sie notwendigen Informationen anbieten kann, um diese in die Lage zu versetzen, die veränderte Zellinformation zu erkennen. Die pathogen veränderte Zellinformation wird sodann vom körpereigenen Immunsystem bekämpft und eliminiert.

Anhand der Frequenzen von beispielsweise einem Herpes-Virus wird auf diese Weise dem Organismus ein energetischer Identitätscode zur Verfügung gestellt.

Damit ist das System in der Lage, das vorhandene Herpes-Virus zu erkennen und geeignete Maßnahmen zu ergreifen, um dieses unschädlich zu machen, und zwar mit körpereigenen Mitteln.

Im Testkasten „Viren/Pilze" sind die Informationen von 27 Viren-Familien zusammengefasst. Außerdem finden wir zwei Ausleitampullen zur Unterstützung der Ausleitung der Stoffwechselgifte. Sämtliche Ampullen sind mit jedem der beschriebenen energetischen Testverfahren zu nutzen.

Die Informationen der Pilze-Familien sind in weiteren 22 Mix-Ampullen zusammengefasst. Auch hier gibt es daneben fünf Ampullen zur Unterstützung der Ausleitung.

Für die Testung und Therapie der Pilze gilt zudem die gleiche Vorgehensweise wie bei den Viren.

3.   Parasiten/Umweltbelastungen

Der Testkasten „Parasiten und Umweltbelastungen" ist ebenfalls zur Verwendung im Rahmen der energetischen Testung und Therapie vorgesehen.

Er enthält Ampullen mit den Informationen von 31 verschiedenen Sorten von Parasiten, die den Organismus blockieren können.

Parasiten sind schmarotzende, selbständige Lebewesen, welche sich auf Kosten höher entwickelter Organismen ernähren und vermehren.

So besteht die Möglichkeit, einen Organismus energetisch von seiner Struktur her so zu stärken, dass Parasi-

55

ten sich bei/auf/in ihm nicht mehr wohl fühlen und das System von sich aus wieder verlassen.

Mit der energetischen Testung und Therapie wird nun die Möglichkeit vermittelt, den Organismus bereits präventiv vor Parasiten zu schützen oder ein so unangenehmes Milieu für die Parasiten zu schaffen, dass sie den Organismus freiwillig verlassen. Darüber hinaus versetzen wir den Organismus grundsätzlich in die Lage, durch Stärkung bzw. Erweiterung seiner körpereigenen Abwehrmaßnahmen die Parasiten auszuleiten.

Bei den Umweltbelastungen, den im Kasten gelb unterlegten Ampullen, finden wir hingegen Informationen zu Stoffen, die den Organismus stark belasten und infolgedessen zu heftigen Blockaden führen können. Als Beispiel seien hier die Informationen von PCB (Polychlorierte Biphenyle, z.B. als Weichmacher in Kunststoffen und Lacken enthalten) und PCP (Pentachlorphenol, z.B. eingesetzt als Fungizid und Bakterizid in Holzschutzmitteln) genannt - Gifte, welche sich gerade im Wohnbereich oft finden und die bekanntermaßen in der Vergangenheit schon einiges an Unheil angerichtet haben.

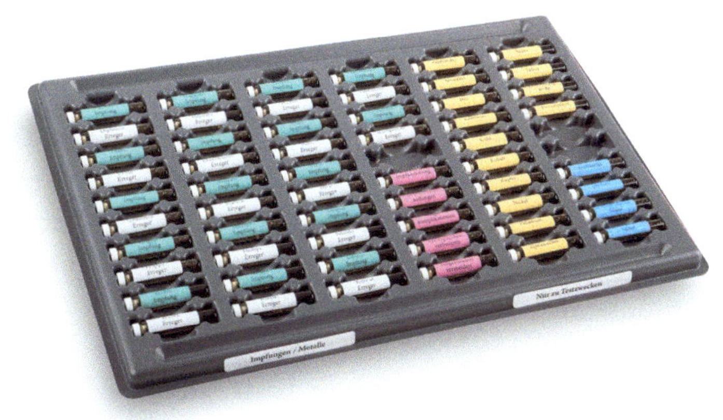

4.   Impfungen/Metalle

Für den Testkasten „Impfungen/Metalle" wurden die Informationen zu 17 verschiedenen Impfungen sowie der dazugehörigen Erreger in Testampullen aufbereitet.

Die Impfungen sind grün, die Erreger dazu jeweils grau unterlegt beschriftet. Zusätzlich zu finden sind die dazugehörigen Ausleitampullen, diese sind wie stets lila.

Über die Sinnhaftigkeit oder Notwendigkeit von Impfungen kann man trefflich streiten. Ob es aber tatsächlich nötig ist, Säuglingen bereits zwischen dem dritten und 15. Lebensmonat insgesamt 36 Erreger zu spritzen, (wenn sie nach den aktuellen Vorschriften der ständigen Impfkommission in Berlin geimpft werden) sei in die Verantwortung der handelnden Personen gelegt.

Jede Impfung vor dem sechsten Lebensmonat ist Dieter´s Ansicht nach jedoch ein Tiefschlag für eine gute und ungestörte Entwicklung eines Immunsystems. Vielleicht ein Denkanstoß, um zumindest über den Zeitpunkt der ersten Impfung nachzudenken.

Gelb unterlegt sind in diesem Testkasten die Informationen einiger Metalle, die einen besonderen Bezug zu den Impfungen haben.

Um dies klarzustellen: die Ansichten zur Notwendigkeit von Impfungen mögen sicherlich auseinandergehen. Jedoch sollte jedem energetisch arbeitenden Therapeuten klar sein, dass die Kontrolle von Impfungen und den in diesen u.U. enthaltenen Metallen wie z.B. Aluminium, unumgänglich notwendig und auch sinnvoll ist. Auf weitere Ausführungen zu diesem Thema verzichten wir an dieser Stelle zunächst. Hierzu möge sich jeder selbst ausführlich informieren.

Die blau unterlegten Ampullen runden den Inhalt des Testkastens schließlich ab. Sie enthalten Informationen zu Belastungen, die vor allem in den letzten Jahrzehnten ein ansteigendes Blockadepotential gezeigt haben. Insbesondere der Einsatz von wehenhemmenden

oder auch wehenfördernden Mitteln sei hier beispiel-
haft genannt.

5.   Orthopädie

Der Testkasten „Orthopädie" ist fast immer im Rahmen
einer umfassenden Untersuchung und kompletten Prüfung bzw. Testung bei einem Patienten einzusetzen.
Vor allem wenn Sie als Therapeut fast sämtliche zunächst naheliegende Belastungen und Beschwerden
durchgetestet oder auch schon therapiert haben, aber
wirklich durchschlagende Ergebnisse oder Verbesse-
rungen, wie Sie es ansonsten aus Ihrer Praxis gewohnt
sind, nicht erzielen konnten.

Sie sind ratlos, kommen verständlicherweise oft nicht auf das naheliegende ... denn häufig können auch einfach blockierte Wirbel oder eine stellenweise verhärtete Muskulatur den Energiefluss des Systems insgesamt behindern. Auf diese Weise sorgen diese Blockaden dafür, dass eine therapeutische Information nicht oder zumindest nicht in ausreichendem Maße vom Organismus weitergeleitet werden kann an die Stelle, wo sie tatsächlich benötigt wird.

Bei derartigen Problematiken helfen oft die vorliegenden Testampullen. Durch diese kann bei richtigem Einsatz das Aufspüren von Blockaden innerhalb kurzer Zeit ermöglicht werden. Darüber hinaus können Sie mit diesen Ampullen die noch vorhandenen Blockaden lösen und somit Ihre bisherigen therapeutischen Bemühungen zu einem erfolgreichen Abschluss bringen.

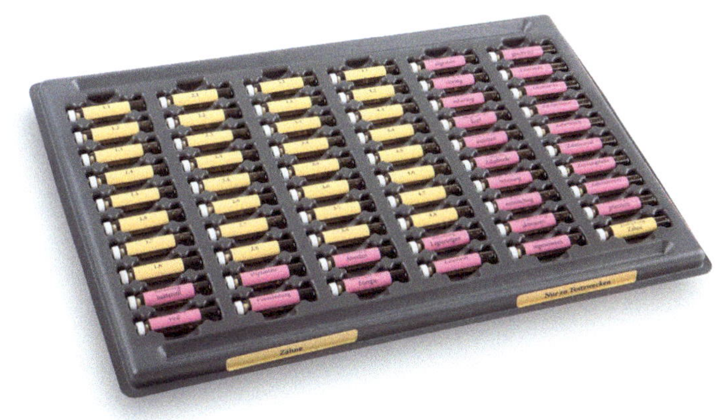

6. Zähne

Jeder energetisch arbeitende Behandler sollte sich bewusst sein, dass gerade Belastungen der Zähne die Ursache für viele körperliche Blockaden im gesamten Organismus darstellen können. Viele organische Störungen haben einen engen Zusammenhang zu den Belastungen der Zähne und Zahnfächer, sowie auch umgekehrt.

Insofern ist es naheliegend, bei einem ganzheitlichen Test- und Therapieansatz stets die Testung der Zähne und Zahnfächer (Alveolen) mit einzubeziehen.

Der Testkasten „Zähne" beinhaltet hier gelb unterlegt alle 32 Zähne und Zahnfächer. Darüber hinaus finden

sich die lilafarben beschrifteten Ausleit- und Stabilisie-
rungsampullen für eine Vielzahl von möglichen Belastungen der Zähne und Zahnfächer.

7.   Bachblüten

In diesem Testkasten finden sich die energetischen Informationen aller klassischen 38 Bachblüten sowie eine Sammelampulle der klassischen sogenannten Rescue-Tropfen.

Aus der Erfahrung, dass die englischen Blüten in unserem kontinentalen Bereich unter Umständen nicht dieselbe Wirkung haben wie auf den britischen Inseln, zog Dieter die Konsequenz, sich ebenso die Informationen von Blüten aus der Schweiz und Deutschland zu besorgen, um diese Informationen in Ergänzung der klassischen englischen Bachblüteninformationen gemeinsam auf die einzelnen Ampullen aufzubringen.

Dieter hat zudem in seiner über Jahrzehnte währenden Anwendungspraxis die Erkenntnis gewonnen, dass es weniger hilfreich ist, sich genauestens mit den einzelnen Blüten in der Theorie auszukennen. Von viel größerem Wert ist es hingegen, die einzelnen Informationen der Blüten gegen das System des Patienten praktisch in zutreffender und sinnvoller Weise zu testen.

Die Informationen der auf diese Weise positiv reagierenden Blüten werden sodann im zweiten Schritt mit Hilfe eines Bioresonanzgerätes auf eine Trägersubstanz gespielt und in der zuvor ausgetesteten Menge mehrmals täglich von dem Patienten eingenommen.

Die konkrete detailliertere Vorgehensweise hierzu für den Therapeuten sowie weiterführende Hinweise und Erklärungen zu den einzelnen Blüten können dem Begleitheft zu dem entsprechenden **EnTeThe** - Testkasten entnommen werden. Ebenfalls empfiehlt sich in diesem Zusammenhang natürlich die Lektüre der einschlägigen Literatur zum Thema Bachblüten.

In diesem Testkasten finden sie darüber hinaus auch noch Ampullen, welche die Informationen zu den sieben Farben und den sieben Chakren (asiatisch: Energiezentren des Menschen entlang der Wirbelsäule) enthalten.

Einen geradezu „traumhaften" Fall mit Bachblüten hat Dieter hierzu berichtet:

Er ist befreundet mit einem Schafzüchter aus Ostfriesland. Bei einem seiner Besuche dort berichtete der Schafzüchter von einem Schafbock, der äußerst aggressiv auf Alles und Jeden in seiner Umgebung reagiere und losgehe. Er wollte ihn daher unbedingt verkaufen.

Da er ihn von einem holländischen Züchter gekauft hatte, nannten sie den Bock also den „Holländer".

Dieter testete für diesen Schafbock verschiedenste Bachblüten aus, die der Züchter sodann täglich in dessen Wassertrog gab.

Als sich Dieter und der Schafzüchter einige Wochen später wieder trafen, berichtete der Züchter, dass der Bock schon nach drei Tagen Einnahme der Tropfen „lammfromm" geworden sei und der Käufer, welchen er dann doch noch für den „Holländer" gefunden hatte, bis heute sehr zufrieden sei mit dem nun so friedlichen Bock ☺.

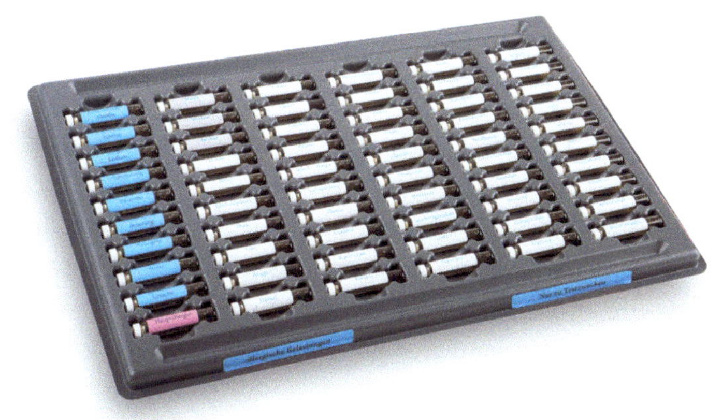

8.   Allergische Belastungen

In diesem Testkasten hat Dieter Stoffe zusammengefasst, welche seiner Erfahrung nach hauptsächlich Auslöser von allergischen Reaktionen sind. In dem Rahmen spielen insbesondere die Ampullen mit den Informationen zu Milch, Weizen und Zucker eine zentrale
Rolle, da diese seiner Erfahrung nach in der täglichen
Praxis immer wieder positiv getestet wurden. Milch,
Weizen und Zucker bezeichnet Dieter somit als Basisallergene.

Darüber hinaus befinden sich in diesem Testkasten
natürlich auch die bekannten typischen, im Alltag vieler Patienten auftretenden und Probleme machenden
Stoffe, die allergische Beschwerden auslösen können.

Zudem lässt sich unter Zuhilfenahme der Ampulle „Hauptallergen" jeweils der Stoff testen, der aktuell den jeweiligen getesteten Organismus am meisten belastet.

Den konkreten Umgang mit diesem Kasten sowie die genaue Vorgehensweise bei der Austestung der verschiedenen Allergene lernen Sie vorzugsweise auf einem der regelmäßig stattfindenden Workshops zur Anwendung von „**EnTeThe**" kennen. Konkrete Termine finden Sie dazu auf der Webseite von Dieter Kramer unter www.entethe.de.

Allgemeines zum Thema Allergene:

Das Thema Allergien wollen wir hier folgendermaßen beschreiben:

Die dem Patienten subjektiv bekannte allergische Reaktion ist in der Regel eigentlich nur die „Spitze des Eisbergs", die aus dem Wasser schaut. Dies können bekannte Reaktionen auf Äpfel sein oder der gute alte Heuschnupfen und so weiter und so fort.

In der langjährigen Praxiserfahrung von Dieter haben sich aber die genannten drei Basisallergene herauskristallisiert, die zunächst einmal ursächlich sind für die allergische Gesamtlage des Patienten.

68

Dies sind - wie bereits oben erwähnt - Weizen, Zucker und Milch. Sofern daher ein Allergieverdacht bei einem Patienten vorliegt, sollten zunächst immer diese drei Allergene mit den entsprechenden Testampullen durchgetestet werden.

Der überwiegenden Zahl sämtlicher anderer Allergien liegen erfahrungsgemäß tatsächlich ebenfalls diese drei ursächlich zugrunde und sollten daher möglichst stets im ersten Schritt aus dem System des Organismus herausgenommen werden.

Man kann sich dies am Beispiel der Milch folgendermaßen vorstellen:

Auf unserer „Festplatte" ist eine Fehlinformation gespeichert, die da lautet: „Milch ist körperfremd". In dem Moment, in dem der Patient dann Kontakt mit Milch bekommt oder einem Lebensmittel, in welchem Kuhmilch enthalten ist, reagiert der Körper mit einer Abwehrreaktion, statt mit einer normalen Verstoffwechselung. Dadurch werden wiederum eine ganze Reihe von Stoffwechselgiften freigesetzt, welche schließlich die entsprechende allergische Reaktion hervorrufen.

Die Therapie einer allergischen Reaktion können sie sich dabei so vorstellen:

Eine invertierte Information des Allergens, in diesem Fall der Milch, wird mit Hilfe der Bioresonanz über die alte (Fehl-) Information auf der Festplatte geschrieben. Dies führt dazu, dass das System beim nächsten Kontakt mit Milch nicht mehr gegen deren Information ankämpfen wird, sondern im Gegenteil nun in die Lage versetzt wurde, die Milch ganz normal zu verarbeiten.

Es ist daher sinnvoll, im Rahmen der Anwendung von **EnTeThe** zunächst immer die drei Basisallergene aus der Welt zu schaffen und sich erst dann um alle anderen Allergene zu kümmern. Interessant ist zudem die oft gemachte Erfahrung, dass sich mit dem Ausleiten dieser drei Basisallergene meistens auch viele andere Allergene ebenfalls gleichermaßen wie von selbst „verabschieden". Die oben beschriebene Möglichkeit, allergische Reaktionen aus der Welt zu schaffen, ist darüber hinaus natürlich bei jedem einzelnen der im Testkasten enthaltenen Allergene möglich. Dies entspricht zumindest der von Dieter in seiner langjährigen Praxis gemachten Erfahrung.

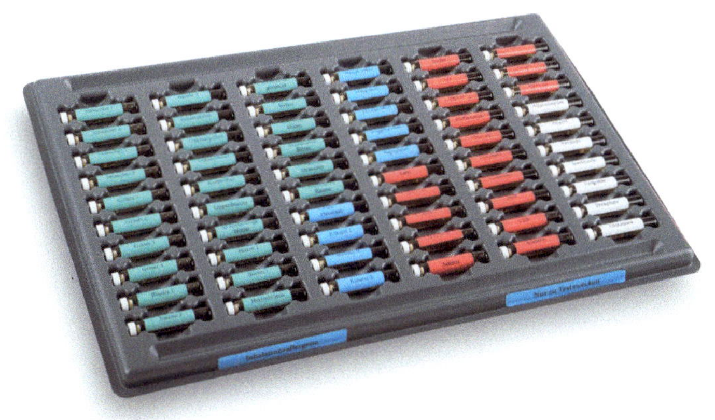

9.   Inhalationsallergene

Der Testkasten zu Inhalationsallergenen besteht aus sogenannten Sammelampullen. Das heißt, dass in jeder Ampulle die energetischen Informationen gleich zu mehreren Stoffen enthalten sind, welche bei dem jeweiligen Organismus eine allergische Reaktion hervorrufen können.

So finden sich allein in der Ampulle mit der Bezeichnung „Sträucher 1" beispielsweise Informationen zu 14 verschiedenen Sträuchern, welche während deren Blütezeit gesammelt wurden und sodann für die Herstellung der Ampullen entsprechend aufbereitet wurden.

Nähere Informationen zu der konkreten Vorgehensweise in der Praxis entnehmen sie bitte wiederum den
Begleitunterlagen zu dem Testkasten oder besuchen
sie einen der angebotenen Workshops zur Anwendung von **EnTeThe**.

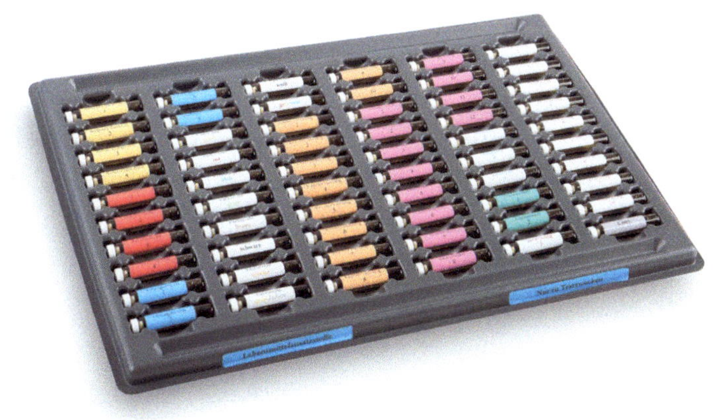

10. Lebensmittelzusatzstoffe

Im Testkasten „Lebensmittelzusatzstoffe" finden Sie insgesamt 254 offiziell zugelassene Informationen von Lebensmittelzusatzstoffen mit den von der EU vergebenen E-Nummern. Diese sogenannten „E-Stoffe" wurden innerhalb der EU von den jeweils zuständigen Behörden offiziell als „gesundheitlich unbedenklich und technologisch notwendig" eingestuft, so das Wording.

Jeder energetisch denkende und arbeitende Behandler hat aber im Rahmen seiner täglichen Arbeit sicherlich schon oft die Erfahrung gemacht, dass diese Stoffe trotzdem durchaus für das System des Organismus ein Allergiepotenzial bergen können. Und dies obwohl die

behördlich zugelassenen Richtwerte und Mengen ein-
gehalten wurden.

Lebensmittelzusatzstoffe werden grundsätzlich zur
Veränderung von Struktur, Geschmack oder Farbe
sowie der chemischen und mikrobiologischen Halt-
barkeit verarbeiteter Lebensmittel eingesetzt. Sie können deren sogenannten Gebrauchs- oder Nährwert
regulieren und über längere Zeiträume stabilisieren,
auch werden diese oft eingesetzt, um eine störungs-
freie Produktion von Lebensmitteln sicherzustellen.
Meist sind dies synthetische Stoffe, teilweise aber auch
natürliche Stoffe oder sogenannte naturidentische
Stoffe, welche im Sinne von Wirkstoffen zugesetzt
werden. In jedem Fall kommt es durch diese aber zu
einer Modifizierung von chemischer, physikalischer
oder physiologischer Struktur der Lebensmittel.

Im Testkasten enthalten sind neben der Informationen
zu Antioxidantien, welche zur Haltbarmachung von
Lebensmitteln eingesetzt werden auch Informationen
zu diversen Aromastoffen oder Geschmacksverstär-
kern, Emulgatoren, Farbstoffen und natürlich Konser-
vierungsstoffen etc. E steht in diesem Rahmen offiziell
für „essbar" bzw. „Europäische Union".

Die detaillierten Beschreibungen zu den Ampullen im
Einzelnen finden Sie wiederum in dem ausführlichen
Begleitheft zu den einzelnen Testkästen.

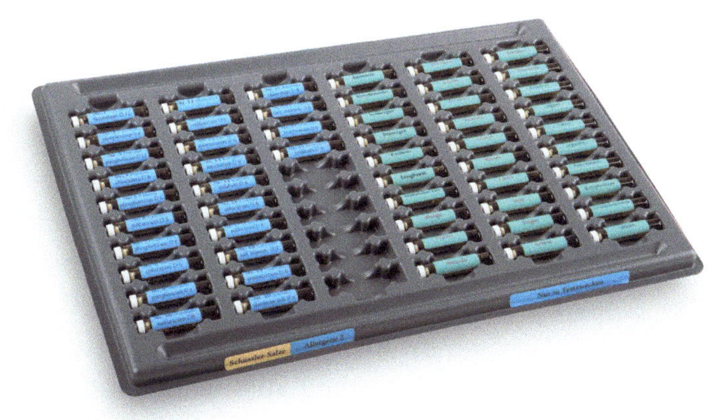

11.   Schüssler Salze/Allergene 2

Der Testkasten mit der Bezeichnung „Schüssler Salze/Allergene 2" ist in zwei Hälften aufgeteilt.

Auf der linken Seite des Testkastens sind die Ampullen mit den energetischen Informationen zu den 24 Schüssler-Salzen zu finden. Die Bedeutung sowie Hintergrundinformationen zu den einzelnen Salzen sollten Sie aus der umfangreichen, auf dem Markt dazu erhältlichen Literatur entnehmen

Auch hier ist ebenso wie bei der Verwendung der Ampullen zu den Bachblüten in erster Linie für den Behandler entscheidend, welche Information des jeweiligen Salzes in der aktuellen Situation für den Patienten die Richtige ist, das heißt, welche bei der Testung eine positive Reaktion hervorruft.

Die rechte Hälfte des Testkastens enthält darüber hinaus 30 weitere ergänzende Ampullen mit Allergieinformationen.

Dieter hat in den letzten zehn Jahren seiner Arbeit als energetischer Therapeut immer wieder beobachtet, dass diese zusätzlich zum ersten Allergie -Testkasten vorliegend enthaltenen Allergene in der täglichen Praxis mit ansteigender Häufigkeit auftauchen und diesen daher offenbar eine wachsende Bedeutung zukommt.

Weitere Informationen hierzu lesen Sie bitte im Begleitheft zu den Testkästen nach.

12.   5-Elemente Human

Die energetische Testung und Therapie, insbesondere von Blockaden des menschlichen Systems hat sich gerade in den letzten Jahren erheblich weiter entwickelt. So liegt mit diesem Testkasten „5-Elemente Human" ebenfalls das Ergebnis langjähriger Erfahrung aus der praktischen Arbeit von Dieter vor.

In diesem Testkasten finden sich sogenannte Sammel-Ampullen der Organe und Organsysteme nach der 5-Elemente-Lehre. Die Vorgehensweise und das Konzept bei der Testung mit diesen Ampullen sind im Begleitheft zu dem Testkasten genauestens beschrieben.

Gerade in diesem Rahmen bietet sich wiederum der Besuch eines der Praxis-Seminare von **EnTeThe** für die zukünftigen Behandler an. In diesen wird für fortgeschrittene Behandler zudem angeboten, erweiterte Möglichkeiten zur Testung und Therapie mit dem 5-Elemente-Testkasten zu erlernen.

Der Ratschlag erfolgt an dieser Stelle keinesfalls im Sinne einer Verkaufsstrategie, sondern um die Zusammenhänge zwischen den aus der TCM bekannten 5 Elementen und den einzelnen Organen des menschlichen Organismus auch wirklich in der praktischen Anwendung zu erlernen. Die Theorie zu der Lehre von den 5 Elementen mag sich zudem jeder an anderer Stelle aneignen.

13.   5-Elemente Veterinär

Der Testkasten „5-Elemente Veterinär" bezieht sich in der gleichen Weise wie der Testkasten zur Testung beim Menschen auf die 5-Elementen-Lehre. Im Rahmen der energetischen Testung und Therapie hat sich dieser als sehr genaue und aussagekräftige Methode bei der Ermittlung diverser Blockaden unserer tierischen Freunde erwiesen. Zudem folgt er dem gewünschten ganzheitlichen Ansatz.

Dieser Testkasten ist ebenso wie der 5-Elementekasten Human zu einem festen Bestandteil der täglichen Praxis beim Einsatz von **EnTeThe** geworden. Er wird zunehmend von Tierärzten und Tierheilpraktikern genutzt.

Ein außergewöhnlicher Bestandteil sind die dort enthaltenen „Transmitter"- Ampullen. Mit deren Hilfe lassen sich sämtliche Informationen aller Sammelampullen, welche in den jeweiligen **EnTeThe**-Testkästen enthalten sind, energetisch an eine bestimmte Tierart anpassen. Auf diese Weise lässt sich die Testung und Therapie an dem jeweiligen Tier optimieren.

Sofern Sie also beispielsweise die Testung einer Katze vornehmen möchten, nehmen Sie einfach die Transmitter-Ampulle für Katzen, integrieren diese in den jeweiligen Testaufbau und als Folge werden die Informationen der anderen enthaltenen Testampullen insgesamt an das spezifische Schwingungssystem der Katze angepasst und sind mit diesem kompatibel.

Weiterführende Informationen im Detail finden sich wie immer in den Begleitheften sowie bei der praktischen Anwendung im Rahmen eines Workshops zu **EnTeThe**.

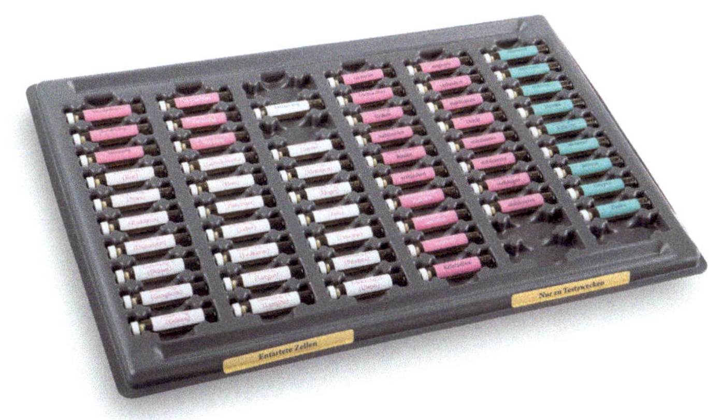

14.   Entartete Zellen

Mit dem Testkasten zu den „Entarteten Zellen" bege-
ben wir uns auf ein sehr kontrovers diskutiertes Gebiet
der Testung und Therapie, nämlich dem Thema
„Krebs".

Einige von Ihnen zucken nun vermutlich kurz innerlich
zusammen oder es läuft Ihnen ein „kalter Schauer den
Rücken herunter". Fast jeder von uns hat bei dem
Thema „Krebs" direkt das Schicksal einer ihm mehr
oder weniger nahe stehenden Person vor seinem inne-
ren Auge. Und am Ende von deren Behandlung stand
leider oftmals der Tod dieser Person.

Denn eines ist jedem Schicksal mit der Diagnose „Krebs" gemeinsam: es löst bei den Betroffenen und Angehörigen eine unglaubliche Angst, teilweise sogar direkte Todesangst aus, lähmt, schaltet jegliches rationale Denken aus und lässt in der Regel nur noch einen „Tunnelblick" zu, ähnlich wie bei „einem Ochsen, welcher zur Schlachtbank geführt wird".

Entschuldigen Sie, lieber Leser, dies sind vermutlich zunächst äußerst hart klingende Worte. Aber nicht selten geben auch heute noch die behandelnden Ärzte dem Patienten eine mehr oder weniger vage Vorstellung für seine vermeintlich (restliche) Zeit vor, die der Patient nach deren Ansicht noch zu leben hat.

Solch ein Verhalten ist unseres Erachtens jedoch leider gleichsam „Gott-Ähnlich"!

Dem ohnehin durch die vernichtende Diagnose „Krebs" psychisch stark angeschlagenen Patienten gegenüber ist das nicht nur kontraproduktiv, sondern kommt in seiner Aussagekraft leider nicht selten seinem eigentlichen Todesurteil gleich. Patienten hören nämlich häufig etwas ganz anderes heraus, als das, was der Behandler wirklich wörtlich gesagt oder gemeint hat bzw. sagen wollte.

Nicht wenige Patienten haben sich schon „brav" an den Befehl ihres Arztes gehalten und sind denn auch pünktlich zum avisierten Datum verstorben.

„Nocebo-Effekt" nennt man dies mittlerweile offiziell auch in der Medizin, denn umgekehrt zum bekannten Placebo-Effekt, kann hierbei eine negative Vorhersage allein aufgrund der psychischen Konstitution oder des Glaubens des Patienten an diese Vorhersage eintreten.

Die Behandlung von Krebs oder besser von „Entarteten Zellen", denn um genau diese geht es bei der biophysikalischen Therapie nach **EnTeThe**, weist insofern einen entscheidenden Unterschied zur klassischen schulmedizinisch-biochemischen Behandlungsweise auf:

Der schulmedizinische Ansatz kümmert sich in erster Linie ausschließlich um die Krebszellen selber. Die Ärzte schneiden sie heraus (Operation), sie versuchen, das Zellwachstum zu hemmen (Chemotherapie), greifen in das Hormonsystem des Patienten mittels entsprechender Medikation ein oder bestrahlen den Krebs mit aggressiver Bestrahlung.

Den energetisch handelnden Therapeut interessiert hingegen die Tumorzelle an sich zunächst weniger. Denn jeder Tumor liegt in völlig gesundem Gewebe, das ihn umgibt. Das eigentliche Problem liegt darin, dass dieses gesunde Gewebe, in dem alles vorhanden ist, was Zellabwehr angeht, die Tumorzelle nicht als etwas Bedrohliches bzw. Artfremdes erkennt.

Wir sind nun mit Hilfe der Testampullen „Entartete Zellen" in der Lage, Tumorzellen mit bestimmten Frequenzen quasi zu markieren. So nimmt das umgebende Gewebe diese Zellen als für den Gesamtorganismus bedrohlich bzw. schädlich wahr, greift sie an und vernichtet sie schließlich aus eigener Kraft.

Dies hört sich so einfach wie genial an.
Und tatsächlich es wäre die Lösung zur erfolgreichen Bekämpfung entarteter Zellen!

Schon der Nobelpreisträger und Pionier auf dem Gebiet der Krebsforschung, Paul Ehrlich stellte im Rahmen seiner Forschungen fest:

„Krebs ist keine plötzliche Krankheit, sondern entartete Zellen entstehen fortwährend in unserem Körper. Diese werden unter normalen Umständen jedoch vom Immunsystem als „fremd" erkannt und eliminiert!"

Leider scheint diese Erkenntnis im Rahmen der heutigen Behandlungsmethoden von „Krebs" aber mehr oder weniger in Vergessenheit geraten zu sein, schaut man sich das Vorgehen und die Diagnoseverfahren in der klassischen Schulmedizin an.

Erinnert man sich hingegen an diese ursprüngliche Erkenntnis, hört sich der hier aufgezeigte Weg zur Lösung der Problematik „Krebs" nicht mehr ganz so absurd an, wie es vielleicht auf den ersten Blick für Außenstehende erscheinen mag. Es könnte möglicherweise tatsächlich die Lösung zur erfolgreichen Bekämpfung entarteter Zellen gefunden worden sein!

Und vor allem auch eine Behandlungsmethode, welche nicht wie die Chemo- oder Strahlentherapie die Entstehung neuer Krebsarten an anderen Organen des Betroffenen als gleichsam in Kauf zu nehmende, „normale" Nebenwirkungen enthält, da in der Regel völlig undifferenziert der gesamte Organismus des Patienten samt seiner gesunden Anteile im Rahmen der Behandlung stark beeinträchtigt oder sogar geschädigt werden kann.

VII. Fallbeispiele aus Dieters Praxis

Lassen wir Dieter an dieser Stelle jedoch zunächst wieder selbst zur Wort kommen und einige erstaunliche Fallbeispiele aus seiner täglichen Praxis schildern, welche sich dort während der letzten Jahre zugetragen haben:

Fall 1:

Eines Tages kam ein mir sehr gut bekannter Patient, fast schon notfallmäßig in meine Praxis. Er brauchte mir seine Beschwerden eigentlich schon gar nicht mehr näher schildern, denn er bot allein von seinem äußeren Erscheinungsbild bereits eine ausgeprägte Gelbsucht. Da mir zudem der Verdacht einer Leber- oder Gallenentzündung sehr nahe lag, schickte ich ihn zur weiteren Abklärung zu seiner Hausärztin. Diese bestätigte meinen Verdacht und wies ihn ins Krankenhaus ein.

Dort wurde innerhalb weniger Tage festgestellt, dass es sich nicht nur um eine bloße Entzündung handeln konnte. Einige weitere Tage später wurde sodann der Befund „Gallenwegs-Krebs" gestellt. Dem Patienten wurde zu einer umgehenden Operation geraten.

Über die näheren Umstände dieser Operation, die auch noch in einem anderen Krankenhaus weiter entfernt durchgeführt wurde, kann ich nichts weiter sagen. Jedenfalls bekamen die Angehörigen mitgeteilt, dass der Tumor inoperabel gewesen sei und zudem hochgradig bösartig. Sowohl auf eine Chemo, als auch auf eine Strahlentherapie werde verzichtet wegen mangelnder Heilungsaussichten. Der Oberarzt riet dem Patienten nur noch, „seine Angelegenheiten zu regeln".

Da ich die Familie des Patienten gut kannte, versuchte seine Ehefrau, den Chefarzt der Klinik davon zu überzeugen, dass ich den Patienten in der Klinik behandeln dürfe. Dieser stimmte, wieder nach einigen Tagen des Überlegens, zu.

Meine erste Behandlung des Patienten fand etwa vier Wochen nach seiner Krankenhauseinweisung statt. Es ging ihm sehr schlecht, sein psychischer Zustand war desolat. Ich behandelte nun nach der üblichen Vorgehensweise der energetischen Testung und Therapie den Tumor und unterstützte Ausleitungsfunktionen des Organismus.

Der Bilirubinwert lag an diesem Tag bei 13,7 mg/dl, der Tumormarker (CA 19-9) war auf 1.300 gestiegen.

Als ich drei Tage später wieder bei dem Patienten erschien, lag der Bilirubinwert bei 11 mg/dl, der Tumormarker war auf 800 gesunken. Beide Werte bezeichneten die behandelnden Ärzte als „unglaublich"!

Ich hatte leider nur noch zweimal die Möglichkeit, den Patienten zu behandeln. Er entwickelte eine Bauchwassersucht, die dann auch noch mehrfach punktiert wurde. Er verlor daraufhin seinen gesamten Mut und verstarb schließlich 2 Monate nach der Krankenhauseinweisung an Nieren- und Herzversagen.

Zum Zeitpunkt der Operation war noch nicht von Metastasen die Rede. Aber bei der Operation wurden aus einem bis dato umschriebenen Tumor Proben entnommen, die dann wohl zu einer Streuung und Bauchdecken- und Lebermetastasen geführt haben.

Lassen Sie mich von einem weiteren Fall berichten, der sehr deutlich aufzeigt, wie wesentlich gerade die psychische Verfassung des Patienten an seiner Gesundung beteiligt ist und wie durch eine unbedachte Bemerkung des Behandlers ein Patient in sich zusammenfällt und das Leben aufgibt.

Fall 2:

Häufig werden Patienten, wenn sie erst einmal mit der Diagnose „Krebs" belastet wurden, mit einem „Stempel auf der Stirn" versehen, so dass bei allen kommenden Erkrankungen der „Krebs" als Ursache gesehen wird. So geschehen in diesem Fall.

Ich erinnere mich ungern, aber häufig an meinen Patienten mit Bauchdeckenkrebs, der inoperabel war. Nach mehreren ergebnislosen Chemotherapien wandte er sich an mich mit der Bitte, das Wachstum des Tumors zu bremsen, wenn möglich gar zu stoppen.

Nach etwa vierwöchiger Bioresonanzbehandlung im Abstand von jeweils drei Tagen mit den **EnTeThe**-Ampullen wurde in einer Kontrolluntersuchung im Krankenhaus festgestellt, dass der Tumor sich wesentlich verkleinert hatte. Der Patient war psychisch wieder voller Hoffnung, hielt sich an alle Anweisungen und arbeitete sehr zuverlässig an seiner Gesundung mit.

Drei Tage nach dem überraschenden Untersuchungsergebnis bekam der Patient nachts Beschwerden in der Herzgegend. Seine Frau brachte ihn daraufhin vorsorglich in die Klinik, wo er - wie ich heute sagen muss - das Pech hatte, auf den Oberarzt zu treffen, der ihm drei Tage zuvor noch die frohe Botschaft überbracht hatte.

Es wurde routinemäßig ein EKG und eine Blutuntersuchung gemacht, die aber beide ohne Befund waren. Daraufhin äußerte der Oberarzt folgenden Verdacht:

"Herr ..., vermutlich ist es doch der Tumor, der wohl auf ihren Herzbeutel drückt und so diese Beschwerden verursacht."

Der Patient reagierte auf diese Vermutung mit einer tiefen Depression.

Seiner Frau gelang es trotzdem, ihn am nächsten Tag zu mir in die Praxis zu bringen. Ich untersuchte ihn und fand einen blockierten Brustwirbel, der die Beschwerden ausgelöst hatte. Nach chiropraktischer Deblockierung des Wirbels waren die vorhandenen Herzbeschwerden denn auch spontan verschwunden.

Der Gedanke aber, dass der Tumor in Wirklichkeit wohl doch nicht kleiner geworden war, ließ den Patienten nicht mehr los. Er vermutete sogar, dass der Oberarzt ihm nach der Tumoruntersuchung nicht die Wahrheit gesagt hatte, brach die Behandlung bei mir nach einigen Wochen aufgrund seiner Hoffnungslosigkeit ab und verstarb tragischerweise etwa 8 Wochen nach der geäußerten „Vermutung" des Oberarztes.

Kommen wir zu einem, nein eigentlich zwei weiteren Fällen, welche das bestehende Dilemma deutlich veranschaulichen sollten:

<u>Fall 3 + 4:</u>

Im Sommer eines Jahres stellte sich in meiner Praxis ein zu diesem Zeitpunkt 47-jähriger Polizeibeamter in Begleitung seiner Ehefrau (Lehrerin) vor. Mit bildgebenden Verfahren war ein ca. 10 cm großer Lungentumor diagnostiziert worden. Der Patient litt unter Diabetes Typ II, der medikamentös eingestellt war. Ein Jahr zuvor hatte er einen Herzinfarkt erlitten.

Der Patient, nennen wir ihn einmal Harry, wollte nun mit mir zusammen das weitere Vorgehen besprechen. Er sollte nicht operiert werden, weil der Tumor wohl inoperabel war. Der schulmedizinische Vorschlag sei „Chemotherapie" gewesen.

Wir einigten uns zunächst darauf, dass ich ihn testen würde und davon das weitere Vorgehen abhängig gemacht werde. Im Test reagierten zwei Tumor-Ampullen positiv. Diverse Ausleitampullen konnten ebenfalls als positiv getestet werden.

Der Patient ließ sich nun im Abstand von einer Woche zweimal bei mir therapieren. Der Einfluss seines Hausarztes aber führte schließlich dazu, dass er mir bei der dritten Behandlung mitteilte, dass er sich doch auch für eine Chemotherapie entschlossen hatte. „Zur Sicherheit!", wie er mir mitteilte.

Ich versprach, ihm diese Chemotherapie so angenehm wie möglich zu gestalten. Seine Ehefrau, die ihn immer begleitete, akzeptierte seinen dahingehenden Vorschlag ebenfalls, stand aber innerlich nicht dahinter.

Einen Monat später hatte Harry seine Chemotherapie hinter sich (und noch fast alle Haare auf dem Kopf!). Zwischenzeitlich war zusätzlich noch ein Tumor in seinem Kopf gefunden worden und mittels nur einer einzigen Strahlentherapie ausgelöscht worden.

Weitere Therapiesitzungen bei mir folgten. Einige Monate später war es mir sogar gelungen (wodurch auch immer), den Lungentumor auf die Hälfte seiner ursprünglichen Größe zu verkleinern. Wir waren frohen Mutes und therapierten im darauf folgenden Monat noch zweimal.

14 Tage nach der letzten Behandlung erreichte mich denn jedoch überraschend die Todesanzeige von Harry.

Was war geschehen?

Seine Frau berichtete mir später, dass er an einem Samstag plötzlich an Atembeschwerden gelitten hatte. Sie habe Angst bekommen und ihn sofort in die Klinik gefahren. Dort angekommen, habe man ihn aufgenommen unter dem Motto, dass so etwas „schonmal bei Lungen-Ca-Patienten geschehe". Aus diesem Grund sei auch keine weitere Behandlung und/oder Diagnostik erfolgt.

Am Montagmorgen sei dann der Chefarzt eingetroffen, habe sich Harry angesehen und letztlich stattdessen eine Lungenembolie diagnostiziert. Es wurden zwar sofort alle notwendigen Maßnahmen eingeleitet und Harry auf die Intensivstation verlegt. Dort entwickelte er im Laufe des Dienstags jedoch eine weitere

Lungenembolie, an deren Folgen er schließlich verstarb. Jede Hilfe kam somit zu spät.

Seine Frau, die sich seit einiger Zeit wegen diverser Allergien und anderer Beschwerden ebenfalls in meiner Behandlung befand, war einen Monat nach dem Tod ihres Mannes wieder regelmäßig in meiner Praxis.

Als wir nach Beendigung der Therapie einige Monate unterbrochen hatten, kam sie wieder einmal zu mir und berichtete, dass man bei ihr einen Analtumor festgestellt habe. Auf ihren ausdrücklichen Wunsch hin behandelten wir diesen ausschließlich mit **EnTeThe**.

Nach insgesamt 10 Therapien war der Analtumor vom Proktologen nicht mehr feststellbar. Auch der angeblich metastasierende Lymphknoten wurde nicht mehr gefunden.

Wieder einige Zeit später kam der Frauenarzt von Harry's Frau auf die Idee, sie könne Brustkrebs haben. Die Mammographie ergab eine Fettablagerung in der Brust. Wir hatten vorher schon getestet, dass keinerlei entartete Zellen im Gewebe „Ärger machten".

Doch der Frauenarzt gab keine Ruhe. Also entnahm er während einer Routineuntersuchung Gewebeproben wegen, wie er sagte, „des Verdachts auf ein Malignom". Die bei mir am nächsten Tag durchgeführte Testung ergab jedoch keinen Hinweis auf entartete Zellen.

Die histologische, schulmedizinische Untersuchung war ebenfalls ohne Befund.

Diverse Probleme an der Wirbelsäule (die Patientin ist etwas übergewichtig) und hin und wieder ein kleinerer Infekt führen uns bis heute immer wieder zusammen. Der Patientin geht es nach wie vor gut, sie hat keine Beschwerden mehr.

Ein akuter Durchfall, der vor einiger Zeit wieder die Angst vor Darmkrebs in ihr hochkochte, konnte mit einer einzigen Virus-Therapie mit den **EnTeThe**-Ampullen innerhalb von drei Tagen zum Stillstand gebracht werden. Hier also mal ein Happyend!

<u>Fall 5:</u>

Nun ein Fall, der mir in der Praxis täglich begegnen kann und der die Möglichkeit einer reibungslosen Zusammenarbeit zwischen der energetischen Testung und Therapie auf der einen Seite und der Chirurgie auf der anderen Seite deutlich macht.

Eine Patientin berichtete mir, dass bei ihr in der linken Brust ein Krebs festgestellt worden sei. Da sie bereits früher an einem Brustkrebs in der linken Brust operiert worden war und dabei heftigste Bewegungseinschränkungen durch die Narben der ausgeräumten Lymphknoten gehabt habe, wolle sie nun keine herkömmliche Behandlung, sondern sich nur von mir behandeln lassen.

Ich zitiere aus dem Befundbericht der Radiologie:

(.......)

Besten Dank für die freundliche Überweisung Ihrer oben genannten Patientin, bei der wir im Rahmen einer heute durchgeführten Mammographie den nachfolgenden Befund erhoben haben.

(.......)

Verdacht auf ein kleines Zweitkarzinom im oberen äußeren Quadranten der re. Mamma, relativ mamillennah und etwa bei 11 Uhr sowie oberflächlich gelegen. Im Übrigen bilateral knotig-fibröse Mastopathie bei Involution der Drüsenkörper. Zustand nach Exzision eines linksseitigen Mammacarcinoms vom invasivductalen Typ mit einem Durchmesser von 1,7 cm (...) sowie postoperativer Bestrahlung. Geringe narbigfibröse und strahlenfibrotische Residuen in der li. Mamma.

(...)"

Nach insgesamt 6 Therapien im Abstand von etwa drei Tagen und 7 Therapien im Abstand von etwa einer Woche mittels **EnTeThe** war der Tumor nur noch als „Erbse" tastbar. Der Testkasten „Entartete Zellen" testete nicht mehr mit positivem Ergebnis. Der Zahn 4/6 wurde von mir schließlich als Auslöser entdeckt und vom System „abgekoppelt".

Auf Anraten der Hausärztin ließ sich die Patientin dann diese „Erbse" chirurgisch entfernen. Diese Entfernung wurde mit der energetischen Testung und Therapie vor- und nachbereitet. Eine histologische Untersuchung war negativ.

Die Patientin ist heute völlig gesund. Wir treffen uns wegen ihrer Rückenprobleme ab und an in meiner Praxis. Das Thema „Krebs" interessiert sie nicht mehr. Es macht ihr darüber hinaus auch keine Angst mehr, was ein entscheidender, nicht zu vernachlässigender Punkt ist.

<u>Fall 6:</u>

Eines Tages kam ein damals 41-jähriger Patient in meine Praxis. Ich kannte ihn schon von gelegentlichen Besuchen wegen diverser Rückenprobleme. Er berichtete, dass sein Hausarzt ihn zum Urologen überwiesen hätte mit dem Verdacht auf Prostata-Krebs. Dieser Verdacht habe sich durch einen erhöhten PSA-Wert ergeben. Nun habe er gehört, dass ich auch Krebs-Patienten behandelte und bat mich, ihn zu testen.

Die EAV-Testung mit dem Testkasten „Entartete Zellen" ergab einen positiven Befund auf dem Messpunkt

„3-E" (Hormonsystem) mit der Ampulle „Entartete Zellen". Die einen Tag später durchgeführte Untersuchung beim Urologen (Tast- und Ultraschall-Befund), bestätigte diesen Test.

Daraufhin fiel der Patient, auch Dank der äußerst fürsorglichen Art und Weise des „aufklärenden Gesprächs" beim Urologen in ein tiefes psychisches Loch. Er wandte sich wieder an mich und bat mich, die Therapie mit **EnTeThe** durchzuführen.

Ich habe mich im Folgenden mit dem Patienten sehr lange und ausführlich unterhalten und ihm meine Möglichkeiten und das Denkmodell erklärt, welches der Testung und Behandlung zu Grunde liegt. Der Patient entschied sich danach, keine Stanzproben entnehmen zu lassen, sondern sich vorerst nur durch mich behandeln zu lassen.

Ich begann mit der energetischen Therapie des Prostata-Krebses. Die einzelnen Sitzungen fanden zunächst im Abstand von drei Tagen und nach zwei Wochen im wöchentlichen Abstand statt.

Die Tumor-Ampulle war nach insgesamt 4 Therapien nicht mehr zu testen. Der gesamte Testkasten „Entartete Zellen" war nach etwa 2 Monaten nicht mehr zu testen, sprich es gab keine positiven Ergebnisse mehr. Also begann ich, mich auf die Suche nach der Ursache des Tumorgeschehens zu machen.

Durch einen ausführlichen Test mit den **EnTeThe** - Testkästen stellte sich heraus, dass der Auslöser der Prostataproblematik offenbar ein angelegter Weisheitszahn im oberen linken Kiefer war. Ein OPG (Panorama-Aufnahme des Ober- und Unterkiefers) brachte schließlich die Bestätigung.

Nach intensiver Vorbereitung und „Abkoppelung" des Zahns vom „3 - E" wurde der angelegte Zahn chirurgisch entfernt.

Etwa drei Monate nach seinem ersten Besuch sprach der Patient wieder bei seinem Urologen vor. Sowohl der palpatorische Befund, die Ultraschall - Untersuchung als auch der PSA-Wert waren unauffällig, es war kein Tumor mehr nachweisbar. Der Urologe gratulierte dem Patienten zu seiner „Spontanheilung" und verabschiedete sich mit den Worten:

"Hin und wieder sind unsere Diagnosen nicht sehr zuverlässig, und ein erhöhter PSA - Wert ist diagnostisch auch nicht besonders zuverlässig!"

Bis heute ist der Patient beschwerdefrei, er hat nie wieder irgendwelche Probleme mit der Prostata gehabt, kommt aber vorsichtshalber nach wie vor alle 6 Monate zu mir zum Test.

Widmen wir uns der Problematik zum Thema „Krebs" noch einmal im Grundsätzlichen:

Die Diagnose „Krebs"

Stellen sie sich vor, ein Arzt teilt Ihnen mit, er habe bei Ihnen einen Tumor entdeckt. Was geht dann in Ihnen vor?

Doch sicher solche Gedanken wie:

- Habe ich noch lange zu leben?
- Wer kann mir helfen?
- „Chemo" ist auch nicht gerade ein Zuckerschlecken!
- Kann ich noch operiert werden?

Die Diagnose „Krebs" ist eng verbunden mit der Angst vor Tod und Siechtum. Woher aber kommen solche Gedanken und Gefühle? Sicherlich nicht daher, dass uns von Seiten der biochemischen Medizin Hoffnungen gemacht werden.

Eine erfahrene Ärztin, die ich seit langem kenne und die als Internistin niedergelassen tätig ist, hat zu mir vor Jahren einmal mit unerschrockener Ehrlichkeit gesagt:

„In der Tumortherapie hat sich in den letzten 50 Jahren im Endeffekt nichts geändert. Wo die ganzen Milliarden an Geldern geblieben sind, die heutzutage in die Forschung etc. gesteckt werden, ist nicht nachzuvollziehen! Die einzige Neuerung, von der ich gehört habe ist, dass die Chemos untereinander gemischt wurden. Das hat aber die Patienten sogar noch eher wegen der verheerenden Nebenwirkungen umgebracht und darum sind sie wieder zu den Mono-Chemos zurückgekehrt."

Ich persönlich habe seit ca. 20 Jahren immer wieder mit Tumor-Patienten zu tun. Und das größte Problem in dieser Beziehung ist, dem Patienten deutlich zu machen, dass mit der Diagnose „Krebs" das Leben noch lange nicht zu Ende ist. Die gute, ausgeglichene psychische Verfassung des Patienten trägt mindestens zu 50 % zu einer Genesung bei. Sie lesen richtig: zu einer **Genesung**, und nicht nur zu einer Verlängerung des Lebens oder einer Verbesserung der Lebensqualität!

Einige Behandler, gerade aus dem schulmedizinischen Bereich, sehen sich hingegen sogar in der Lage, den Patienten oder deren Angehörigen die Lebenserwartung vorherzusagen. Eines meiner großen Ziele in der Arbeit mit Krebs-Patienten ist aber, diese „gottähnlichen Vorhersagen" Lügen zu strafen.

Da kommt mir ein weiterer Patient in den Sinn, der nun schon seit einigen Jahren in meiner Behandlung ist und dem Folgendes widerfuhr:

Bei Herrn M. aus B. wurde eines Frühjahrs ein medulläres Schilddrüsen-Ca (sogen. C-Zell-Ca.) festgestellt. Zweimal in einem normalen Krankenhaus und dreimal in einer Uniklinik operiert, kam er schließlich in meine Praxis. Die letzte OP fand 3 Monate zuvor statt. Er hatte keine Chemo- oder Strahlentherapie gemacht.

Der für dieses Krankheitsbild zuständige Tumormarker „Calcitonin" lag vor den Operationen bei 1700 pmol/l, bei seinem ersten Besuch bei mir war er auf 350 pmol/l gesunken. Der Normalwert liegt zum Vergleich bei „unter 10,0 pmol/l.

In der Anamnese teilte er mir mit, dass er seinem Gefühl nach überall Schmerzen im gesamten Körper habe, aber besonders im Bauchbereich. Er müsse ständig husten und fühle eine Enge im Brustkorb. Außer einer Blinddarm-OP im 24. Lebensjahr und einem Skiunfall vor vielen Jahren habe er bis dato keine weiteren Krankenhausaufhalte hinter sich bringen müssen. Als selbstständiger Kaufmann betrieb er eine Kette von Sonnenstudios.

Meine erste Testung mit dem Testkasten „Entartete Zellen" ergab eine positive Testung der Ampulle „Entartung", einen Candida-Befund im Dickdarm sowie eine allergische Belastung mit Kuhmilch.

Ich therapierte ihn daraufhin etwa drei Monate lang wöchentlich. Die Blutwerte pendelten sich bei etwa 250 pmol/l ein, eine Untersuchung in der Uni-Klinik endete mit der Aussage: „Ihr Zustand ist stabil geblieben!".

Die Therapie des Candida sowie die Ausleitung der allergischen Belastungen konnte einen Monat später abgeschlossen werden. Der Allgemeinzustand des Patienten hatte sich sehr gebessert, er hatte keine allgemeinen Schmerzen mehr, der Husten sowie das Gefühl der Enge im Brustkorb wurden durch drei chiropraktische Interventionen aus der Welt geschafft.

Nun waren die Tumorampullen des Testkastens „Entartete Zellen" nicht mehr positiv zu testen. Der Patient kam regelmüßig zur Testung und Therapie in meine Praxis (in Abständen von 14 Tagen bis zu drei Monaten, je nach Testung) und befand sich auch weiter in der Überwachung der Uni-Klinik. Der Tumor-Marker pendelte zwischen 250 und 350 pmol/l. Der Patient war sportlich sehr aktiv, reiste zudem mit seiner Frau und seinen Freunden viel und genoss das Leben in vollen Zügen.

Dann stiegen die Tumormarker jedoch wieder an, was seinen Arzt veranlasste, ihm mitzuteilen, dass dieses für den Verlauf seines Krebsleidens normal sei. Von nun an sei eine stetige Verschlimmerung seines Zustandes zu erwarten. Ein Mensch mit seiner Diagnose habe vom Auftreten der ersten Symptome bis zum Tode nur noch etwa 5 Jahre zu leben. Dies hieß also, im nächsten Jahr sei Ende (war die Interpretation des Patienten).

Der Patient wandte sich daraufhin sofort an mich und wir bekamen die Werte relativ schnell wieder in „seinen normalen Bereich" um die 300 pmol/l. Gleichzeitig wurden nun die Kontrollen in der Uni-Klinik zeitlich enger gestaltet. Monatliche Untersuchungen waren die Regel. Aber man fand bei den jeweiligen Untersuchungen keine neuen oder alten Tumorherde.

Dann wurde im Mai 2005 „endlich" so etwas wie ein Herd gefunden, der sogleich punktiert wurde, was leider misslang. Eine zweite Punktion führte zum Erfolg. Das Ergebnis war aber negativ.

Trotzdem wies der Professor der Uni-Klinik den Patienten darauf hin, dass sein erhöhter Tumor-Marker nun Anlass zur Sorge gebe, wo doch nun die Fünfjahresfrist abgelaufen sei. Alle weiteren Untersuchungen haben jedoch bis heute keinen positiven Tumorbefund ergeben können.

Allein weil rein statistisch die Überlebensrate eines solchen Patienten nicht so gut ist, wird einem Menschen, dem es eigentlich gesundheitlich gut geht, nur auf Grund eines erhöhten Tumormarkers das baldige Ende seines Lebens vorhergesagt.

Noch einmal zur Erinnerung: wer einem Menschen – aus welchem Grund auch immer – seine angebliche Lebenserwartung mitteilen kann, benimmt sich „gottähnlich". Er wird auch selbst in seiner Rolle als Behandler nicht mehr seine ganze Kraft dem Ziel der Gesundung des ihm anvertrauten Menschen einsetzen, da er dies ja zwangslogisch als nicht erreichbares Ziel ansieht. Das ist eine weitere Konsequenz eines solchen Verhaltens!

Ein weiteres wichtiges Thema sollte im Rahmen der Problematik von „Krebs" zudem nicht zu kurz kommen:

Der Umgang mit Krebs-Patienten und deren Angehörigen

Für mich spielen die engsten Angehörigen eines Patienten eine wesentliche Rolle. Deshalb versuche ich immer, die (Ehe)Partner, Eltern, enge Freunde, wesentliche Geschwister oder welche Bezugspersonen auch immer in die Behandlung mit einzubeziehen.

So sollte der erste Besuch in meiner Praxis immer von dem Patienten in Begleitung von den maßgeblichen Bezugspersonen wahrgenommen werden. Auch die weiteren Behandlungen sollten der Partner, die Angehörigen und enge Freunde begleiten.

Damit beabsichtige ich, dass diese aus erster Hand wissen, was bei mir in der Praxis geschieht und was gesprochen, gesagt, getan und geplant wird. „Heimliche Telefonate" der Angehörigen mit mir („Mein Mann/Frau soll aber nicht wissen, dass ich Sie angerufen habe!") lehne ich grundsätzlich ab.

Ich möchte mit dem, was ich tue, offen und ehrlich umgehen. Der Patient und die Angehörigen sind durch die biochemischen (klassisch schulmedizinisch vorgehenden) Behandler in der Regel schon genug durcheinander gebracht worden. Dazu möchte ich nicht auch noch beitragen.

Angehörige gehören daher in die Therapie mit einbezogen!

Geben wir Ihnen positive Aufgaben, lassen sie sich von ihnen beispielsweise versprechen, dass diese mit dem Patienten mindestens zweimal am Tag einen Spaziergang machen (sofern er dazu körperlich noch in der Lage ist). Tragen Sie diesen auf, darauf zu achten, dass der Patient viel Wasser trinkt. Fordern sie beispielsweise von den Angehörigen, dass sie ebenfalls viel Wasser trinken. Dadurch entsteht Solidarität!

Wie sie gelesen haben, gibt es darüber hinaus auch die Möglichkeit, über die entsprechenden Testkästen in der **EnTeThe** die ausgleichenden Informationen von Bachblüten und Schüssler-Salzen, Farben und Chakren in die Therapie mit einzubeziehen.

Und auch das Folgende ist ein äußerst wichtiges Thema in diesem Rahmen:

<u>**Schulmedizinisch vorbehandelte Patienten und deren spezielle Problematik**</u>

Alle Patienten, die schulmedizinisch vorbehandelt sind, haben ein großes Problem:

Sie sind häufig resigniert und therapiemüde.

Hier bin ich als Behandler stets mit meiner ganzen Überzeugungskraft gefragt. Und dazu muss ich überzeugt sein, dass die energetische Testung und Therapie wirklich die Lösung für meine Krebs-Patienten ist. Ich hoffe, dass mir dies immer gelingt!

Vorbehandelte Patienten sind nicht nur resigniert, sie sind auch körperlich meist am Ende ihrer Kraft. Schulmedizinisch wird eigentlich fast ausschließlich auf den Patienten mit der chemischen und/oder strahlentherapeutischen „Keule eingeschlagen". Der Stoffwechsel der Zellen findet daher nur noch eingeschränkt statt, Cortison, Antibiotika und/oder weitere chemische Produkte tragen ebenfalls nicht unbedingt zum allgemeinen Wohlbefinden des Patienten bei.

Ich persönlich stehe im Rahmen der Behandlung zu meinem Wort. Ich werde mein Bestes geben, etwas anderes kann ich sowieso nicht tun. Ich kämpfe mit meinen Patienten. Es gibt meines Erachtens keine bessere Motivation für einen Patienten, an seiner Gesundung mitzuarbeiten, als einen engagierten und vor allem ehrlichen Behandler.

Und wenn ich diesen Kampf verlieren sollte (dies kann nicht nur bei Krebs, sondern auch bei sämtlichen anderen Erkrankungen geschehen!), sehe ich es umso mehr als Ansporn an, in Zukunft sämtliche auf diesem Weg gemachten Erfahrungen in die Behandlung und Begleitung des nächsten Patienten einfließen zu lassen, um bei diesem ein noch besseres Ergebnis zu erzielen.

Aber erwarten Sie trotz allem auch hier bitte keine Wunder!

Selbst die biophysikalische Therapie kann ein Lebensbuch, das einmal zugeschlagen wurde, nicht wieder öffnen. Ich rufe auch nicht dazu auf, selbstlos ohne Rücksicht auf sich persönlich als Behandler drauflos zu arbeiten. Ich möchte versuchen, meine Grenzen zu finden und auch rechtzeitig die Bremse für mich selbst zu ziehen.

Gerade Tumor-Patienten brauchen sehr viel psychische Unterstützung. Die holen sie sich diese unter anderem natürlich auch bei Ihrem Behandler.

Aber wenn ich meine Hilfe zusage, dann mit Haut und Haar!

Der Patient wird es mir danken, indem er gesund wird!

Es stellt sich nun die durchaus berechtigte Frage:

Ist der Einsatz von EnTeThe als alleiniger Tumor-Therapie möglich?

Haben wir nun das unverschämte Glück, einen Tumor-Patienten in die Therapie zu bekommen, der noch nicht bio-chemisch vorbehandelt ist, dem vor allem noch keine Gewebeprobe entnommen wurde, ist es auch möglich, dass wir die biophysikalische Therapie als einzige Therapie durchführen und unter Umständen sehr viel Erfolg dabei haben können. (Ich habe in den letzten 18 Jahren hiervon insgesamt 46 Fälle dokumentieren können).

Sind noch keine Gewebeproben entnommen worden, ist die Chance, dass sich Streuungen (Metastasen) gebildet haben, relativ gering. Wurde keine Chemotherapie angefangen, sind auch der Stoffwechsel und das Gesamtsystem noch unglaublich regulationsfähig. Haben noch keine Operationen stattgefunden (die schulmedizinisch beste Tumortherapie aus meiner Sicht!), müssen wir keine Narben entstören, brauchen wir keine Narkosenebenwirkungen ausleiten und sind

meist keine gestreuten Tumorzellen zu finden etc pp
....

Doch die letztliche Entscheidung in dieser Frage muss immer der Patient treffen! Was nützt es mir, wenn ich als Behandler überzeugt davon bin, dass die Therapie auch ohne biochemische Einflüsse funktionieren wird, der Patient aber daran zweifelt?

Der Patient entscheidet also, was passiert.

Um den Patienten umfassend beraten zu können, sollten wir daher die Möglichkeiten der biochemischen Medizin, aber auch der biophysikalischen Therapien genau kennen.

Leider habe ich in meiner Praxis nur wenige Patienten erlebt, denen die biochemische Medizin helfen konnte. Zu einem Heilpraktiker kommen die Patienten eigentlich erst immer dann, wenn sie schulmedizinisch „austherapiert" (ich hasse dieses Wort!) sind. Und das nicht nur bei Krebs!

In der Regel heißt dies leider, die Schulmedizin sieht für diese Patienten keine Hoffnung mehr. Entsprechend angeschlagen ist der psychische Zustand des Patienten.

Deshalb fällt es mir persönlich immer wieder schwer, zu einer biochemischen Therapie zu raten. Ich selbst sehe aufgrund der von mir gemachten Erfahrungen mittlerweile auch einige schulmedizinische Untersuchungen als sehr kritisch an, vor allem wenn sie nicht von erfahrenen Fachleuten gemacht werden. Ein CT, ein MRT, eine Röntgen-Aufnahme gehören ausschließlich in die Hand eines Radiologen.

Was in vielen Fällen von der Aussagekraft diverser Blutuntersuchungen und den Tumor-Markern zu halten ist, zeigt zudem mein vorheriges Beispiel mit Herrn M. aus B. eindringlich auf.

Meines Erachtens sollte jedoch der Patient allein entscheiden, und ich bin dabei als Behandler an seiner Seite und trage in jedem Fall seine Entscheidung mit!

Noch eine Frage taucht in diesem Zusammenhang immer wieder auf:

<u>Biophysikalische Therapie als „First - Line Therapie"?!</u>

Hier komme ich noch einmal auf mich als Behandler zurück. Ich benutze, wenn es sich in der Situation ergibt, gerne gegenüber meinen Patienten folgenden Satz:

„Sie können neben meiner energetischen Therapie noch gerne andere Therapien machen. Die Hauptsache ist, wir haben dies vorher besprochen und wir sind in der Lage, deren Nebenwirkungen aus der Welt zu schaffen. Welche Therapie am Ende die Krankheit besiegt hat, ist mir persönlich völlig egal. Hauptsache, Sie sind gesund und fühlen sich wohl!"

Wenn ich als Therapeut hinter dieser Aussage stehe, wird mein Patient das spüren. Und ich bin in der Lage, auf seine Wünsche einzugehen. Ich lasse ihn eine Chemotherapie machen (Wenn er das will! Warum auch immer!), weil ich weiß, dass ich die Nebenwirkungen ausleiten kann! Viele meiner Patienten essen beispielsweise ihr Frühstücksbrot, während die Chemotherapie läuft.

Ich lasse die Patienten die Strahlentherapie machen, wenn sie anschließend zu mir kommen mit dem Ziel, auch diese Therapieform verträglich zu machen.

Ich lasse die Patienten eine Hormonbehandlung machen. Auch deren Nebenwirkungen bekommen sie mit der energetischen Testung und Therapie in der Regel „in den Griff".

Die Patienten sagen mir erfahrungsgemäß irgendwann, dass Sie das Gefühl haben, diese biochemischen Therapien nicht mehr zu brauchen. Sie haben ein gutes Körpergefühl und können selber abschätzen, was ihnen gut tut und was nicht.

Dass die niedergelassenen Onkologen darüber in der Regel jedoch nicht sehr erfreut sind und naturgemäß dazu eine andere Auffassung haben, zeigt die Geschichte einer jungen Patientin, die heute noch mit allen gesundheitlichen Problemen zu mir kommt.

Hier ihre Geschichte:

Ich nenne meine Patientin einmal Amelie. Sie kam das erste Mal in meine Praxis in Begleitung ihrer Mutter. Bei Amelie war ein

„Morbus Hodgkin Stadium II B nach Ann Arbor mit cervikalem Befall bds. und mediastinalem bulk, histologisch Typ der nodulären Sklerose"

festgestellt worden.

Um den Therapiebericht nicht zu lang werden zu lassen, beschränke ich mich darauf, ihnen zu berichten, dass bei Amelie nach 9 Behandlungen bei mir und gleichzeitig laufender Chemobehandlung keine Tumorzellen mehr zu finden waren, sowohl schulmedizinisch, als auch in der Testung der „Entarteten Zellen".

Trotzdem möchte ich aus dem Abschlussbericht des Professors zitieren, der Amelie operieren und chemotherapieren ließ:

(vollständig zitiert, [ ] Erklärungen des Autors)

11/11 - Morbus-Hodgkin, noduläre Sklerose, Stadium CS IIB mit beidseits cervikalem und mediastinalen Befall, bulky desease rechts cervikal und mediastinal. **ICD 10 C 81.1**

12/11-03/12 - 5 kurativ intendierte Chemotherapiezyklen mit BEACOPP

16.02. 12 - Zwischen-Staging: Gute Teilremission

19. 03. 12 - Praktisch Vollremission

21. 03. 12 - Therapieabbruch der Patientin

<u>Aufnahmebefund:</u>

„(...): 166 cm, 60 kg, wache, orientierte, kooperative, herabgestimmte, ängstliche Patientin in gutem Allgemeinzustand. Kopfschiefhaltung durch ein faustgroßes Lymphompaket, rechts cervikal. Kein Kalottenkopf-

schmerz, Kopfbeweglichkeit lymphombedingt eingeschränkt......
Verlauf und zusammenfassende Beurteilung:
....

Mit der Patientin, die durch die Diagnose einer malig-
nen, potentiell letal verlaufenen Erkrankung und durch
die Beeinträchtigung ihrer äußeren Erscheinung durch
große rechts cervikale Lymphommassen deutlich ver-
stört u. reaktiv depressiv wirkte, wurde in Anwesenheit
der Mutter in aller Ausführlichkeit über die Art der Erkrankung, ihren natürlichen Verlauf, aber auch die
ausgezeichneten Heilungschancen und einer konse-
quenten stadiumadaptierten systemischen Chemotherapie u. evtl. Radiatio [Bestrahlung], deren Durchführung, Nebenwirkungen u. mögliche Komplikationen
gesprochen.
Aufgrund des Stadiums empfahlen wir eine systemi-
sche Chemotherapie mit insgesamt 8 Zyklen BEA-
COPP und evtl. eine anschließende Radiatio des bulk.

(...) wurde die Chemotherapie initiiert und unter üblichen Begleitmaßnahmen zur Antiemese [Erbrechen]
und Harnblasenprotektion komplikationslos toleriert.
Bei Wiedervorstellung zum 2. Zyklus war der Nacht-
schweiß bereits abgeklungen. Die cervikalen Lym-
phome stellten sich wesentlich kleiner dar.
An Nebenwirkungen war ein flüchtiger Hautausschlag
nach Bleomycin [ein Antibiotika] sowie drei Tage Mus-
kelkatergefühl aufgetreten.

Nach dem 2. Chemotherapiezyklus konnte (...) eine sehr gute Teilremission konstatiert werden. Bei guter Verträglichkeit wurde die Therapie zeitgerecht fortgeführt.

Beim abermaligen Re-Staging nach 5 Therapiezyklen waren cervikal nur noch vereinzelt vergrößerte, regressiv veränderte Lymphknoten nachweisbar. Computertomographisch war zwar mediastinal noch ein Gewebeplus nachweisbar. Da aber beim Subtyp der nodulären Sklerose häufig ein voluminöser narbiger Restzustand bestehen bleibt, konnte bereits von einer zu vermutenden Vollremission gesprochen werden.

Völlig unerwartet rief die Patientin zwei Tage später an um mitzuteilen, dass sie nach reiflicher Überlegung den Beschluss gefasst habe, die schulmedizinische Behandlung abzubrechen und sich bei einem Heilpraktiker fortan mit einer Bioresonanzmethode behandeln zu lassen.

Eindringliche Warnungen der schulmedizinischen Behandler vor einem solchen Schritt in Anbetracht einer guten kurativen Behandlungschance, aber nach deren Ansicht sicher fehlender antitumoröser Wirksamkeit der Alternativmethode, schlug die Patientin in den Wind.

Das Angebot eines weiteren Gespräches über ihre Beweggründe, evtl. auch in Anwesenheit des zukünftig weiter behandelnden Heilpraktikers, schlug Amelie ebenfalls aus.

Sollte sich Amelie bei Ihnen vorstellen, bitten wir auf
sie einzuwirken, die bisher so erfolgreiche Behandlung
konsequent zu Ende zu führen. Sollte die Patientin dazu nicht bereit sein, bleibt nur zu hoffen, dass die bis-
herige Behandlung schon kurativ war. Die von der Patientin jetzt favorisierte Bioresonanzbehandlungsme-
thode, die sie am Telefon in lebhaften Farben schilder-
te, die sie aus eigenen Mitteln teuer bezahlen muss,
stellt u.E. eine Scharlatanerie dar, die aufgrund des
Abbruches der wirksamen Behandlung schwere negative Folgen nach sich ziehen kann.

Mit freundlichen kollegialen Grüßen
..."

So, liebe Leser/innen, nun wissen Sie aus „erfahrenem
Diktat", um was wir uns hier überhaupt einen Kopf machen. „Eine Bioresonanzmethode" ist also nach schul-
medizinischer Einschätzung nicht in der Lage, antitu-
morös zu wirken.

Ich beschäftige mich also mit „Scharlatanerie". Ich ma-
che das schon 25 Jahre lang und habe immer noch
meine gut florierende Praxis mit zufriedenen Patienten. Für wie „blöd" hält dieser Professor eigentlich die
Menschen?

Insgesamt hat Amelie für Ihre Tumortherapie in meiner
Praxis inklusive Ursachentestung und Abkoppeln des
störenden 1.2 Zahns, der für die Entartung meiner An-

sicht nach ursächlich war, weitaus weniger bezahlt als alle Chemotherapien, die sie nicht bekommen hat und alle Bestrahlungen, die sie außerdem nicht erhalten hat, insgesamt gekostet hätten.

Amelie geht es heute sehr gut, sie hat keine Beschwerden mehr und auch alle kleinen Infekte und anderen Beschwerden, die ein Mensch schon mal hat, lässt sie mit "einer unwirksamen Bioresonanztherapie" behandeln. Sie hat ihr Studium abgeschlossen und arbeitet an ihrer Dissertation.

Ihre gesamte Familie befindet sich mittlerweile in meiner Therapie. Ihr Vater hat seinen chronischen Nasennebenhöhlen-Infekt überwunden, die Schwester ist von einer Furunkulose genesen und die Mutter hat ihre allergische Belastung verloren.

Ich sage dazu:

Der energetischen Testung und Therapie sei Dank!

Lassen Sie mich noch einen Fall berichten, der zeigt, in welche Entscheidungsprobleme Krebspatienten geraten können.

Vor einigen Monaten kam ein mir schon länger bekannter Patient in meine Sprechstunde. Er berichtete, dass man bei ihm einen Magen-Krebs festgestellt habe, der schon in den Magen hineinwachse. Eine CT-

Untersuchung und eine Magenspiegelung seien positiv gewesen, man habe ihm auch Proben entnommen.

Die schulmedizinische Vorgehensweise sei, zunächst 6 Zyklen Chemotherapie zu machen und dann den Magen operativ zu entfernen. Die erste Chemotherapie habe man schon verabreicht.

Ich behandelte den Patienten zweieinhalb Monate wöchentlich mit den **EnTeThe**-Ampullen. Schon nach kurzer Zeit waren die Tumor-Ampullen negativ und der Patient bekam wieder Appetit, fühlte sich trotz der Chemotherapien wohl und wartete auf seinen Kontrolltermin nach den 6 Chemotherapien.

Der zuständige Chirurg erklärte dem Patienten dann in einem Vorgespräch, dass er auch ohne Kontrolluntersuchung vermute, dass noch etwa 1 bis 2 Chemos gemacht werden müssten.

Die Kontrolluntersuchung mit dem MRT fiel, offenbar überraschend, sehr positiv aus. Weder der Chirurg noch ein anderer Fachmann konnten Tumorgewebe auf den Bildern entdecken. Daraufhin bestellte der Chirurg den Patienten für 2 Wochen später zur Operation ein.

Wir haben uns sehr lange unterhalten in dieser Zeit. Der Patient wurde von allen Seiten bedrängt, die Operation doch machen zu lassen. Alle diese Leute aus seinem Umfeld mussten sich aber nicht auf einen OP-

Tisch legen und ohne Magen aus der Narkose aufwachen.

Wer weiß schon, was das heißt.

Schweren Herzens, und unter dem Druck der Kinder (nicht der Ehefrau!), der Verwandten und besonders des Chirurgen (der seiner Meinung nach ja eine ganz besondere neue OP-Methode beherrschte), ließ der Patient diese Operation über sich ergehen.

Die Operation verlief, laut Chirurg, erstaunlich komplikationslos. (Wir hatten alles vorbereitet!) Der Patient erholte sich erstaunlich schnell.

Dann kam das Ergebnis der histologischen Untersuchungen des Magens und des umgebenden Gewebes:

Es gab keinerlei Hinweise auf Tumorzellen!

In diesem Fall wurde einem völlig gesunden Menschen der Magen entfernt! Angeblich allein zur Sicherheit!

Es kann nicht sein, was nicht sein darf!

... aus Sicht der Schulmedizin.

Ja, ich werde mit dem Patienten diese Operation nachbehandeln, wie werden gemeinsam einen Weg finden, auch ohne Magen ein prächtiges Leben zu führen. Und die OP-Folgen und die Ausleitung der Nebenwirkungen der Narkose werden wir sicherlich schnell erledigt habe.

Aber unfassbar bleibt dieses Beispiel trotz dessen.

Zum Schluss lassen sie mich die Geschichte von meinem Tumor-Traumpatienten, nennen wir ihn einmal Paule, schildern:

Paule kam Anfang eines Winters das erste Mal in meine Praxis. Er kam in Begleitung seiner Frau und seiner Tochter (Krankenschwester von Beruf) zu dem Termin. Paule teilte mir mit, er habe vor 10 Tagen erfahren, dass er einen Prostata-Ca habe. Dieser habe bereits in die Lendenwirbelsäule gestreut. Deshalb habe er jetzt zudem Schmerzen im rechten Oberschenkel. Der PSA-Wert lag bei 84 ng/ml.

Über Vorerkrankungen haben wir uns nicht weiter unterhalten, sondern sofort getestet. Ich fand „Entartung und Entartung 19 (Prostata)" positiv im Test und therapierte entsprechend. Wir führten in den nächsten Wochen insgesamt fünf Therapien durch.

Dann berichtete mir Paule von Schmerzen in der rechten Hüfte. Ich therapierte mit verschiedenen Schmerzprogrammen und einer Tumortherapie. Paule sollte eigentlich ein CT machen lassen, wollte dies aber nicht. Die Schmerzen waren nach der Therapie fast weg.

Eine Woche später tauchte dann die Tochter in meiner Praxis auf und brachte mir eine CT-Aufnahme und den dazugehörigen Befund mit, aus dem ich wie folgt zitiere:

„MRT-BWS/LWS (...)

Vollständige tumoröse Durchsetzung BWK 9 – 11, BWK 10 vollständig höhengemindert. Die WK-Hinterkanten von BWK 9 u. 10 wölben sich tumorös vor und komprimieren den Subarachnoidalraum und deformieren das Myelom re.
Von einem diffusen intrapyramidalen epidural-dorsalen Tumorwachstum von Höhe der BS TH 7/8 bis Höhe BWK 12 ist auszugehen.

Notfallmäßige konsiliarische Vorstellung in der Neurochirurgie wird dringend empfohlen."

Ich will sie jetzt nicht weiter mit Einzelheiten langweilen. Aber es ist uns gelungen, diesen Patienten zu den Neurochirurgen zu bringen. Dort wurde er operiert. Anschließend wurde er auf die Urologische Abteilung verlegt. Im Arztbericht für die Urologen fanden sich Sätze wie:

...Bei Befall der angrenzenden Wirbelkörper ist jedoch nicht von einer kompletten Stabilisierung des betroffenen thorakalen Wirbelabschnittes auszugehen.
....

... Aus neurochirurgischer Sicht besteht die Möglichkeit einer Mobilisierung in sitzender Position."

Vom 03.02. bis 18.02.04 wurde Paule nun auf der Uro-
logischen Abteilung behandelt. Im Entlassungsbericht
fanden wir folgende Formulierungen:

„Sehr geehrte Kollegen,

wir möchten Ihnen über unsere stationären Maßnahmen bei Ihrem o.a. Patienten berichten.

Stationäre Behandlung (...)
Diagnose: metastasierendes Prostatakarzinom
               Querschnittsyndrom bei WBS Metasta-
               sen
               Z.n. Laminektomie und Teilstabilisierung
               BWK 8/9
               Obstipation

Therapie: Infusion mit 4 mg Zoledronsaüre
               Einleitung einer antiandrogenen Thera-
               pie   mit LHRH-Analoga
               Mobilisation und KG

Histologie: 6 Stanzen: Alle Stanzen zeigen in unterschiedlicher Dichte Infiltration eines **Adenokarzi-
noms der Prostata G 2 - 3, Gleason 3+4=7**

Anamn.: Es bestehen thorako-lumbale Schmerzen. (..)
wurde in einer Kernspinn wegen beginnender Parese

der Beine ein Tumorbefall der Wirbelsäule mit Kompression des Duralsackes nachgewiesen. Bei Ihnen wurde (...) der o.a. Eingriff vorgenommen, bei dem allerdings schon bestehenden partiellen Querschnittsyndrom.
Bei einem PSA-Wert von 82 ng/ml bestand der Verdacht auf ein ossär metastasierendes Prostata-Ca, so dass der Pat. zur weiteren Diagnostik und Therapie in unsere Abteilung verlegt wurde.

Verlauf: Bei ausgeprägter Obstipation mit teilweise auch kompletter Füllung der Ampulle mit hartem Stuhl musste der erste Versuch zur transrektalen Stanze abgebrochen werden.
Nach abführenden Maßnahmen erfolgte die Probenentnahme dann unter antibiotischem Schutz, in gleicher Sitzung wurde ein suprapubischer Katheder gelegt.

Nach Vorliegen des histologischen Ergebnisses verabreichten wir nach dreitägiger Vorbehandlung mit Androcur das erste Monatsimplantat Zoladex.

Während des gesamten Aufenthaltes wurde versucht unter krankengymnastischer Anleitung eine weitere Mobilisation zu erreichen. Bei Entlassung gab Paule zumindest eine leicht zunehmende Sensibilität der Beine an.

Für die hausärztliche Versorgung wurde ein Krankenbett verordnet."

Paule wurde also nach Hause in sein Krankenbett entlassen. Er war von der Hüfte ab gelähmt. Er konnte weder sitzen noch stehen noch gehen noch sonst etwas. Direkt nach der Entlassung informierte mich seine Tochter und ich machte sofort den ersten Hausbesuch, dem noch 18 weitere wöchentliche Hausbesuche von mir folgen sollten.

Vier Monate später kam Paule das erste Mal im Rollstuhl wieder in meine Praxis.

Und weitere 6 Monate später ging Paule, nur auf Gehhilfen (früher sagte man „Krücken") gestützt, wieder in meine Praxis. Dieses Mal nicht zur Behandlung, sondern als Überraschung für mich. Die Flasche Rotwein zum Weihnachtsfest musste noch seine Frau tragen, für das nächste Jahr hat Paule aber angekündigt, sie selber zu tragen.

Eines ist gewiss. Paule hat einen unbändigen Lebenswillen und einen Dickkopf, den er positiv für sich einsetzten konnte. Paule ist sicher einzigartig, aber ein Beispiel dafür, dass schulmedizinische Chirurgenkunst und biophysikalische Therapie gemeinsam einem „Schreckgespenst unserer Zivilisation", wie Krebs es nun mal ist, Einhalt gebieten könnten.

Ich nehme Krebs nicht auf die leichte Schulter, aber ich übertrage meine Zuversicht auf den Patienten. Wir haben mit der energetischen Testung und Therapie ein Instrument in der Hand, das sicherlich noch nicht endgültig ausgereift ist und noch einiger Forschung und Weiterentwicklung bedarf. Aber es hat in den letzten 18 Jahren in meiner eigenen Praxis und den Praxen meiner kompetenten Kollegen sehr geholfen, einige Leben zu retten, sowohl beim Menschen als auch bei Tieren.

Ich persönlich möchte mich aufgrund meiner eigenen Erfahrungen als Behandler nicht mehr länger von einigen angeblich wissenschaftlich gereiften Personen „in die Irre führen" lassen, was die Bewertung meiner Arbeit angeht. Im Gegenteil meine Arbeit und die Arbeit vieler meiner energetisch tätigen Kolleginnen und Kollegen ist meines Erachtens eine sehr gute „First-Line" Alternative oder auch Ergänzung zu jeglicher biochemischer Vorgehensweise.

VIII. Schlusswort

Eigentlich bin ich noch gar nicht fertig. Es gäbe noch so viel zu berichten über die spannende und sensationelle **EnTeThe**.

Da wäre die Behandlung von Hefepilz-Belastungen im Darm, da wäre die Fortsetzung der Krebs-Therapien.

Es gäbe noch viel zu sagen, was allergische Belastungen angeht.

Und dann die Entwicklung unseres Therapiegerätes.

Wir haben einen ersten Band herausgebracht. Wenn Sie, geneigte Leserin, geneigter Leser, dieses Thema genauso spannend finden wie wir, dann schreiben sie uns. Es gibt noch viel mitzuteilen.

Lassen Sie mich am Ende dieses Band 1 einen Dank aussprechen.

An Frank Rose, der überhaupt diese Idee hatte, ein Buch über mein System zu schreiben.

Besonderer Dank geht aber an Katja Wörmer, die die meiste Arbeit hatte. Sie hat das Ganze redaktionell überwacht, rechtlich abgeklopft und immer wieder Korrekturen über sich ergehen lassen müssen.

Danke Katja, Du hast einen großartigen Job gemacht.

Ich möchte mich bedanken bei allen Kolleginnen und Kollegen, die mir ihr Vertrauen geschenkt haben, zu meinen Seminaren gekommen sind, mein System anwenden und immer kritische Rückmeldungen geben. Das lässt uns vorwärts kommen.

Ganz besonders möchte ich mich zudem bei allen Patientinnen und Patienten bedanken. Ich konnte nur einige wenige in diesem Buch erwähnen. Gerne hätte ich mehr von Euch berichtet, denn ihr seid es, die mich immer wieder zu neuen Taten anstiften.

Danke für Euer Vertrauen!

Autoren:

Dieter Kramer, Studium der Sozialpädagogik. Danach Beratung und Behandlung Suchtkranker in ambulanten und stationären Einrichtungen. In dieser Zeit Ausbildung zum Medien- und Musiktherapeuten. Nebenberuflich 4 Jahre Ausbildung zum Heilpraktiker.

Seit 1991 in eigener Praxis in Bad Essen tätig. Von Anfang an Interesse an der Testung und Therapie mit der Bioresonanz. Gelangte schnell zu der Auffassung, dass Bioresonanz schneller, effektiver und gezielter die Leiden und Beschwerden seiner Patienten lindern und heilen könne, als alle anderen Therapieverfahren, die er zwischenzeitlich gelernt hatte.

Mit Hilfe weiterer Kollegen entwickelte er sein eigenes Therapiesystem, da alle anderen Systeme ihm bis dahin zu kompliziert erschienen.

Das von ihm immer weiter verfeinerte Test- und Therapiesystem nannte er **EnTeThe**. Das Herzstück dieses Verfahrens sind die von ihm hergestellten und immer weiter entwickelten Testkästen, welche in Fachkreisen mittlerweile internationale Bekanntheit genießen.
Seit 2013 leitet er das Naturheilzentrum in Bad Essen.

Frank Rose ist niedergelassener Heilpraktiker in Düsseldorf und Autor mehrerer Bücher.

Seit frühester Jugend interessiert ihn alles, was mit Gesundheit zu tun hat. So diente er unter anderem bei der Bundeswehr als Sanitäter.

Ständig bewegt er sich bei den von ihm angebotenen Therapieformen zwischen der Schulmedizin und der alternativen Medizin mit der Einstellung, dass keiner von beiden eine Alleinstellungsposition zukommt.

Wesentlicher Teil seiner Arbeit ist die Verbindung und Aufklärung zu unterschiedlichsten Therapien für das Wohl seiner Patienten.

Im Rahmen seiner Tätigkeit als Heilpraktiker lernte er Dieter Kramer kennen und ließ sich bei ihm ausbilden.

Seitdem arbeitet er ebenfalls mit der energetischen Testung und Therapie.

Katja Wörmer ist Rechtsanwältin und Autorin, ebenfalls aus Düsseldorf.

Sie absolvierte zudem den eher theoretischen Teil des Studiums der Humanmedizin bis zum Physikum und besuchte zusätzlich zahlreiche Fortbildungen auf dem Gebiet der Humanmedizin, u.a. nahm sie an der theoretischen Ausbildung zum Facharzt für Psychotherapie teil.

Aufgrund ihrer eigenen Vita und der Tätigkeit auf den Fachgebieten Medizinrecht und Heilmittelwerberecht beschäftigt sie sich immer wieder auch inhaltlich mit Verfahren der Naturheilkunde sowie der klassischen Schulmedizin und der damit einhergehenden Abgrenzungsproblematik zwischen diesen beiden.

Band I zu EnTeThe

FSC
www.fsc.org
MIX
Papier aus ver-
antwortungsvollen
Quellen
Paper from
responsible sources
FSC® C105338